U0277165

Durability Environmental Zonation
Standard for Concrete Structures

混凝土结构耐久性
环 境 区 划 标 准

金伟良　武海荣　吕清芳　夏　晋　著

浙江大学出版社

图书在版编目（CIP）数据

混凝土结构耐久性环境区划标准/金伟良等著. —杭州：浙江大学出版社，2019.11
ISBN 978-7-308-19192-0

Ⅰ.①混… Ⅱ.①金… Ⅲ.①混凝土结构－耐用性－环境区划 Ⅳ.①TU375

中国版本图书馆CIP数据核字(2019)第106603号

审图号：GS（2019）5425号

混凝土结构耐久性环境区划标准

金伟良　武海荣　吕清芳　夏　晋　著

策划编辑	金　蕾（jinlei1215@zju.edu.cn）	
责任编辑	金　蕾（jinlei1215@zju.edu.cn）	
责任校对	汪志强　陈静毅	
封面设计	春天书装	
出版发行	浙江大学出版社	
	（杭州市天目山路148号　邮政编码310007）	
	（网址：http://www.zjupress.com）	
排　　版	杭州兴邦电子印务有限公司	
印　　刷	绍兴市越生彩印有限公司	
开　　本	787mm×1092mm　1/16	
印　　张	12.75	
字　　数	272千	
版 印 次	2019年11月第1版　2019年11月第1次印刷	
书　　号	ISBN 978-7-308-19192-0	
定　　价	98.00元	

前　言

耐久性是工程结构可靠性设计的基本内容,也是混凝土结构设计、施工和维护的重要要求。在国家标准《建筑结构可靠性设计统一标准》(GB 50068—2018)的编制中,明确了建筑结构设计的耐久性极限状态,将耐久性极限状态设计法并列于承载能力极限状态设计法和正常使用极限状态设计法,改变了以往建筑结构设计过程中以承载能力状态作为设计条件、以正常使用状态作为校核条件,以及以耐久性状态作为保障条件的设计格局,真正地将建筑结构的安全性、适用性和耐久性作为结构的可靠性一并予以考虑,从而实现建筑结构的设计目的。

国家标准《混凝土结构设计规范》(GB 50010—2010)和《混凝土结构耐久性设计规范》(GB/T 50476—2008)中明确给出了混凝土结构耐久性设计的环境类别和环境作用等级,以及满足耐久性要求的混凝土最低强度等级等要求,从根本上解决了混凝土结构耐久性设计的基本要求。但是,实际工程应用中普遍存在着基本环境资料缺失或匮乏、环境类别不太明确和环境作用等级不清楚等问题,致使耐久性设计成为结构设计的"软肋"。为此,作者参考了建筑结构的抗震和抗风设计,发现上述结构的设计规范都有地震动区划和基本风速区划图,从根本上解决了建筑结构抗震和抗风设计的关键指标获取的问题;同样,量大面广的混凝土结构面临的自然环境条件极为复杂,也迫切需要类似于地震动区划和基本风速区划图的耐久性设计环境区划图。为此,浙江大学从2005年开始了混凝土结构耐久性设计的环境区划方法的研究,经过历时十年的研究和完善,终于形成本书。

记得2005年夏天在青岛召开的中国工程科技论坛"混凝土结构耐久性与设计方法"上,作者第一次提出了混凝土结构耐久性的环境区划设计的构思,受到了中国工程院院士陈肇元教授的热情鼓励,至今不能忘怀。但是,要编制耐久性设计的环境区划并不是一件容易的事。我们面临着混凝土结构耐久性设计的规范体系尚未建立,耐久性的失效机理和破坏模式还不太清楚,结构型式有多种多样,不同行业的需求又不尽相同等困境。然而,浙江大学混凝土结构耐久性研究团队一方面积极参加国家、行业和浙江省有关混凝土结构耐久性的技术规范的编制,编制过程中既参考了国外有关混凝土结构耐久性设计规范的要求,又融合了浙江大学在混凝土结构耐久性研究和实践方面的成果;另一方面又积极组织开展混凝土结构耐久性的系统研究工作,不仅从材料和结构层面上对耐久性的效应方面,而且从环境层面上对耐久性的作用方面,都对混凝土结构耐久性的失效机理、破坏模式和结构效应有了新的认识。此外,针对浙江省桥梁、码头和建筑构筑物开展了调查研究,参与了杭州湾跨海大桥、舟山连岛工程大桥、乐清湾跨海大桥等重大工程项目的耐久性研究与设计,进一步增强了理论联系实际、解决实际工程问题的能力。在上述理论研究和工程实践基础上,我们才开始编写此书。

本书围绕混凝土结构耐久性设计的环境区划问题展开论述,共为9章。第1章介绍了编制混凝土设计环境区划的目的;第2章为常见的环境区划方法;第3章为环境区划的基本理论;第4章为影响耐久性的服役环境;第5、6、7章为一般大气的环境区划、海洋氯化物的环境区划和冻融的环境区划;第8章为基于环境区划的耐久性设计方法;第9章为基于地理信息查询系统的环境区划方法。附录A为浙江省混凝土结构耐久性技术规程中涉及环境区划的内容,附录B为我国主要城市的环境数据。

本书工作得到了国家自然科学基金委员会和浙江省自然科学基金委员会等相关项目的大力支持,真诚地感谢本书的合作者武海荣博士(第1章,第4~9章)、吕清芳博士(第2章、第3章)和夏晋博士(附录A和B),感谢为本书做出贡献的浙江大学研究生王传坤、宋峰、徐小巍等同学,感谢浙江大学混凝土结构耐久性研究团队的老师们和研究生们对本书出版的大力支持。同时,还要感谢社会各界朋友们对混凝土结构耐久性设计环境区划的编制和对本书的出版给予的大力支持和帮助。

本书对混凝土结构耐久性的设计规范和技术标准的制定与修订具有指导意义和参考价值,对从事混凝土结构耐久性方面的教学、科研和工程应用的教师、科研工作者、研究生和工程技术人员具有一定的参考价值。

书中的不当之处,敬请读者不吝赐教。

金伟良

2019年4月于求是园

目　录

Contents

图目录

表目录

1　绪　论

1.1　耐久性的定义

CEB-FIP模式规范[1-1]中关于混凝土结构耐久性的描述是"混凝土结构应该按以下方法进行设计、建设和使用:在规定的环境影响下,在规定的时间内结构保持其安全性、适用性和可接受的外观,而不需要额外的保养和维修费用"。在DuraCrete的最终报告[1-2]中,为混凝土结构耐久性的定量设计引入了使用年限的概念,并采用了上述CEB-FIP模式规范的定义。

而在国内第一本混凝土结构耐久性方面的专著[1-3,1-4]中对混凝土结构耐久性做出了下列定义:混凝土结构耐久性是指混凝土结构及其构件在可预见的工作环境及材料内部因素的作用下,在预期的使用年限内抵抗大气影响、化学侵蚀和其他劣化过程,而不需要花费大量资金维修,也能保持其安全性和适用性的功能。

这个混凝土结构耐久性的定义实际上包含了三个基本要素。

(1)环境要素:结构处于某一特定环境(包括自然环境、使用环境)中,并受其侵蚀作用。定义中的工作环境及材料内部因素的作用指的是物理或化学作用。根据结构工作环境情况、破损机理、形态以及国内各行业传统经验,可将混凝土结构的工作环境分成6大类[1-5]:①大气环境;②土壤环境;③海洋环境;④受环境水影响的环境;⑤化学物质侵蚀环境;⑥特殊工作环境。

(2)功能要素:结构的耐久性是一个结构多种功能(安全性、适用性等)与使用时间相关联的多维空间函数[1-6],既涉及结构的承载能力,又涉及结构的正常使用以及维修等。

(3)经济要素:结构在正常使用过程(即设计要求的自然物理剩余寿命)中不需要大修。耐久性的经济性体现在以较小的维修成本达到混凝土结构基本功能的要求,若业主要求延长结构使用寿命时,通过适当的维修成本就可达到目的。

混凝土结构产生耐久性失效是由于混凝土或钢筋的材料物理、化学性质及几何尺寸变化,继而引起混凝土构件外观变化,不能满足正常使用的要求,导致承载能力退化,最终影响整个结构的安全。在混凝土结构的建造、使用和老化的结构生命全过程中,混凝土碳化、氯化物侵蚀引起的钢筋锈蚀、冻融侵蚀、硫酸盐侵蚀、碱集料反应等都会引起混凝土结构耐久性失效。

1.2　耐久性设计现状

1.2.1　一般考虑

不同混凝土结构的原材料、强度等级、水泥用量、水胶比、结构形状、混凝土保护层厚度、裂缝宽度、表层混凝土质量、含气量、混凝土渗透性以及防腐附加措施等均对混凝土结构的耐久性有直接影响。混凝土结构耐久性设计中需要对不同材料影响因素和构造参数的差异性分别进行考虑。各国规范及标准[1-7~1-19]主要通过控制混凝土的原材料与结构构造这两方面来保证混凝土的耐久性,如混凝土强度等级、最小水泥用量、最大水胶比、氯离子含量、最小保护层厚度、裂缝宽度等,并通过规定混凝土中的含气量来提高混凝土的抗冻性。而对于混凝土的耐久性能,则通常通过测定混凝土的抗渗性、抗冻性等来进行评价。

目前,工程上对于混凝土结构的耐久性设计,主要是在进行结构设计的同时,按照相关设计规范中所涉及的耐久性要求的基本规定,进行定量的控制。在具体的设计过程中并不涉及混凝土结构耐久性设计的相关指标的定量化计算。同时,对于结构耐久性的考虑,在结构整体设计中所占的比重也非常小。

1.2.2　规范规定

混凝土结构耐久性设计与环境对结构作用的类别有直接关系。事实上,混凝土结构耐久性设计就是为了解决环境对结构的作用效应与结构对环境作用的抵抗能力这一对矛盾。一些国内外的设计规范和规程都给出了混凝土结构的工作环境分类,一般都是根据环境侵蚀机理特征并结合各自在不同情况下混凝土的侵蚀程度进行定性的分类分级描述。表1-1和表1-2为《混凝土结构耐久性设计规范》(GB/T 50476—2008)[1-7]对混凝土结构环境类别与环境作用等级的规定。首先按照钢筋和混凝土材料的腐蚀机理将环境划分为5个作用类别:一般大气环境、冻融循环环境、海洋氯化物环境、除冰盐等其他氯化物环境、化学腐蚀环境。再进一步对各个环境作用类别划分其对钢筋混凝土结构的作用程度,如对于一般大气环境,分别按照室内或室外、环境干湿程度、是否干湿交替等环境条件划分为Ⅰ-A、Ⅰ-B、Ⅰ-C三个环境作用等级。类似的环境分类分级方法在国内外的其他相关规范中也有所体现,如现行的《混凝土结构设计规范》(GB 50010—2010)[1-8],《水工混凝土结构设计规范》(SL/T 191—96)[1-9],《铁路混凝土结构耐久性设计规范》(TB 10005—2010)[1-10],欧洲的《混凝土结构耐久性设计指南》[1-11],Eurocode2的《混凝土结构设计》prEN1992-1-1(最终修订版)[1-12],欧洲标准委员会EN 206-1:2000[1-13],澳大利亚混凝土结构规范AS 3600[1-14],美国混凝土学会(American Concrete Institute,ACI)的《结构混凝土的建筑规范要求与条文说明》(ACI 318M)[1-15],加拿大的国家建筑规范中的CSA A23.1[1-16],德国DIN 1045/A1:《用于结构的混凝土——设计和制造》[1-17],挪威的NS 3473《混凝土建筑和设计准则》[1-18]，瑞典的《高性能混凝土结构设计手册》[1-19]等。

上述国内外规范中对环境作用等级的划分是一种定性的方法，主要依据环境作用等级对结构材料与构造措施进行规定，是基于经验和工程实践而确定的。"定性"和"经验"方法都带有很大的模糊性，在实际工程应用中会存在一定的不确定性。在实现混凝土结构耐久性设计方法从定性向定量化的转变过程中，以明确的和量化的指标与方法对工程结构的设计进行指导和规范，这具有重要的工程意义。

表1-1 环境类别[1-7]

环境类别	名称	腐蚀机理
I	一般大气环境	保护层混凝土碳化引起钢筋锈蚀
II	冻融循环环境	反复冻融导致混凝土损伤
III	海洋氯化物环境	氯盐引起钢筋锈蚀
IV	除冰盐等其他氯化物环境	氯盐引起钢筋锈蚀
V	化学腐蚀环境	硫酸盐等化学物质对混凝土腐蚀

表1-2 环境作用等级[1-7]

环境类别	环境作用等级					
	A 轻微	B 轻度	C 中度	D 严重	E 非常严重	F 极端严重
一般大气环境	I-A	I-B	I-C	—	—	—
冻融循环环境	—	—	II-C	II-D	II-E	—
海洋氯化物环境	—	—	III-C	III-D	III-E	III-F
除冰盐等其他氯化物环境	—	—	IV-C	IV-D	IV-E	—
化学腐蚀环境	—	—	V-C	V-D	V-E	—

1.2.3 设计方法

耐久性设计方法可以分为传统的定性方法和定量方法两类。

1.2.3.1 传统的定性方法

传统的定性方法主要是依据相关混凝土结构耐久性设计规范进行。结合上文，首先确定结构的设计使用年限，然后进行结构的工作环境分类，针对不同使用年限和不同环境类别及环境作用等级，对混凝土材料和结构构造提出规定，如混凝土原材料（如，水泥、掺合料、外加剂）、混凝土配合比（如，最大水胶比、最低胶凝材料用量）、混凝土最低强度等级、抗冻等级以及结构构造（如，保护层最小厚度）等。传统方法由于沿用了工程人员熟悉和便于应用的方法，容易被工程设计人员所接受与采纳。但是这些规定并没有明确与结构全寿命成本(Structural Life-Cycle Cost,SLCC)和在各种侵蚀作用下的数学劣化模型相结合。因此,这类传统设计方法只能通过不断细化工作环境类别来提高设计的满意程度,而对应的复杂设计规定中的指标仍是采取无概率意义的确定值。而事实上,这些确定值也并不是那么确定的。

1.2.3.2 定量方法

定量方法大致可以分为评分法、劣化模型法、因子法等。

1990年日本土木工程学会的《混凝土结构物耐久设计准则》[1-20]中,采用评分方法将有关混凝土结构耐久性的各种因素分别加以量化并与结构的使用年限相联系,做到了耐久性设计的定量分析。具体表达形式可为环境指数与耐久指数的关系式:

$$T_p \geq S_p \tag{1-1}$$

式中:环境指数 S_p 是根据被建造结构物所处的环境条件和结构物无须维修年限所定义的指数。耐久指数 T_p 则是根据结构物的施工条件、使用材料及设计详图的具体内容,在设计阶段所计算的指数。

此后,针对不同环境类别的侵蚀作用,许多规范提出了材料性能劣化的计算模型并据此预测结构的使用年限,这已成为研究和发展混凝土结构耐久性设计方法的主流。1996年 RILEM 的《混凝土结构的耐久性设计》[1-21]报告,2000年欧共体 DuraCrete 的《混凝土结构耐久性设计指南》[1-11]的技术文件,2001年美国 ACI 365 委员会发展的寿命预测计算程序 Life-365[1-22],1998年欧共体资助成立为期三年的 DuraNet 工作网的年度报告,以及2003—2004年欧共体 LIFECON 的总报告[1-23]等,这些都在基于劣化模型的混凝土结构寿命预测与设计方法上取得了相当丰富的成果。

2000年出版的国际标准 ISO 15686—1《建筑物及建筑资产—使用年限规划》[1-24]中,则提出了用因子法估计建筑构件的使用年限:

$$t_e = t_g \cdot A \cdot B \cdot C \cdot D \cdot E \cdot F \cdot G \tag{1-2}$$

式中:A——构件质量(水胶比、强度等级、含气量)

　　　B——设计水平(结构构造)

　　　C——施工质量

　　　D——室内环境

　　　E——室外环境

　　　F——使用状态

　　　G——维修保养水平

在 WD 13823,即 ISO 13823:2008 General Principles on the Design of Structures for Durability(《结构耐久性设计基本原则》)[1-25]中,对环境作用及劣化机理等做了详细的阐述,提出结构耐久性设计的四种模型:①经验模型;②概念模型;③数学模型;④试验模型。值得注意的是,WD 13823 提出了耐久性失效概率或可靠指标的概念;其特点是以年限作为基本变量,以达到耐久性极限状态的预期使用寿命 t_s 为随机变量,形成 t_s 的分布,控制设计使用寿命 t_d 的失效概率或可靠指标;耐久性极限状态模式失效概率的概念与结构承载能力极限状态相似,其特点是以等效的作用和材料抵抗环境的作用能力作为基本变量,分别以环境作用和构件材料抵抗环境作用的能力作为随机变量,形成 R 和 S,控制极限状态方程 $R-S\leqslant0$ 的概率。

从上述的各种方法的概述中,可以总结出对混凝土结构耐久性研究最为关键的两点,即:

(1)处理环境作用效应与结构抵抗环境作用这一对关系的能力是耐久性设计的主要内容。

(2)结构的使用寿命是耐久性设计中将环境作用效应与结构抵抗环境作用能力两者联系起来的合理量化指标。

1.3　耐久性设计的区域性

工程结构在使用期间可能会遇到各种暴露条件。混凝土结构的服役环境是影响其耐久性的最直接也是最重要的因素。在一种或多种外界环境作用下,混凝土材料的性能会发生衰退,导致混凝土中性化或出现开裂。由于结构服役环境的千差万别,混凝土结构的性能衰退也可根据服役环境的不同而表现出不同的劣化特征,如混凝土碳化、氯离子侵蚀、冻融破坏/盐冻破坏、硫酸盐侵蚀、碱集料反应以及其他物理、化学或生化作用等。

1.3.1　混凝土结构的服役环境

影响混凝土结构的耐久性是一个综合性问题,是由环境、材料、构件、结构四个层次的多种因素造成的[1-3],而环境因素则是首要因素。

大量事实证明,氯盐和钢筋腐蚀是影响混凝土结构耐久性的首要因素[1-26]。由于海洋环境对沿海及近海地区的混凝土结构的腐蚀,尤其是钢筋的锈蚀而造成结构的早期损坏,已成为实际工程中面临的重要问题;而在存在着正负温度交替的地区,均存在严重的冻融以及盐冻破坏的问题,尤其是寒冷地区除冰盐的大量使用,造成混凝土路面的严重剥蚀与钢筋锈蚀,使盐冻问题成为道路与桥梁结构工程耐久性失效或者被破坏的最主要原因[1-27]。此外,混凝土碳化以及化学腐蚀等作用也对混凝土结构的耐久性存在着不利影响。

我国幅员辽阔,气候多变,地形复杂,东临太平洋,西接欧亚大陆,南北纬度相距50°,东西经度横跨65°,气候与地理条件的区域差异非常大。环境气候条件和环境侵蚀介质的差异,在我国的混凝土结构耐久性病害表现上反映出鲜明的"南锈北冻"的区域特征:东北、华北和西北地区气候严寒,混凝土结构往往表现为受冻融破坏以及盐冻破坏;而东南和南方地区气候普遍湿热,常受海洋环境影响,往往因混凝土碳化或氯离子侵蚀而引起钢筋锈蚀。

1.3.2　自然环境的区域差异

（1）自然环境在空间分布上的水平差异。

受地理气候环境影响,混凝土结构耐久性劣化存在着显著的区域特征。不同的地区往往以某种劣化机理为主导,而同样耐久性劣化机理在不同的地区也可由环境影响而呈现出作用程度的强弱之分。本书将这种差异称为混凝土结构劣化特征在水平空间上的区域差异,简称水平差异。以我国为例,图1-1展示了我国几个典型城市的温度(T)与相对湿度(RH)的年均数据,结合工程中和研究中对混凝土结构耐久性劣化的普遍共识,形象地展示了气候环境的地区差异,即:

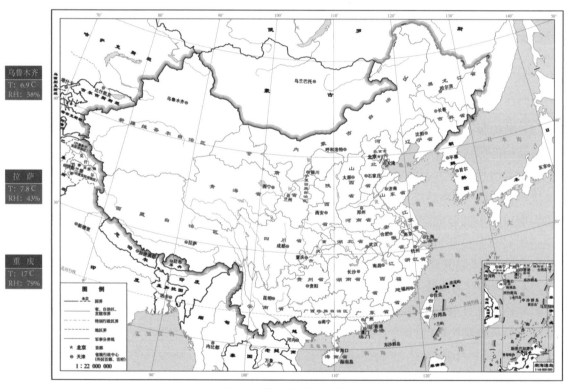

图1-1　我国气候环境的区域特征

1）不同地区耐久性劣化机理的差异。仅从图1-1中显示出的温度和相对湿度即可看出:东北和西北地区气候严寒,混凝土结构往往表现为冻融损伤破坏;在东南和南部沿海,气候湿热并且受海洋环境影响,表现为氯离子侵蚀而引起钢筋锈蚀;在华北和华中地区,由于较低的气温和适宜的湿度,结构的碳化侵蚀与冻融破坏均应引起重视;而北部的海洋环境和撒除冰盐的公路环境需要考虑由盐冻引起的耐久性破坏。由此可见,我国的钢筋混凝土结构普遍存在着"南锈北冻"的现象,而这些现象都是耐久性劣化在空间上不均匀分布的表现。

2）相同劣化机理在不同地区的环境作用程度差异。相同的耐久性劣化机理对结构的作用程度随地理气候条件的差异而存在很大的不同。以混凝土碳化为例,按照已建立的混凝土碳化深度预测模型[1-28],以标准内部条件(或称标准试件,采用普通硅酸盐水泥、混凝土水胶比 w/b 为0.45,混凝土保护层厚度值为30mm,混凝土强度等级为C30)为参照基准,选择一般室外环境为基准环境(对照非干湿交替的露天环境[1-7]),预测各地的耐久性年限见表1-3。可见,各地预测值差异很大,区域特征显著,如按行业规范[1-7,1-8]将其统一定为相同的作用等级就不能反映这种地区差异性。

表1-3 标准试件在各地的耐久年限预测值

地名	耐久年限预测值/年	地名	耐久年限预测值/年
乌鲁木齐	121	重庆	114
哈尔滨	162	拉萨	112
北京	85	广州	79
上海	113		

（2）结构服役环境的局部竖向差异。

在结构的服役过程中,其不同部位的耐久性劣化程度也存在一定的差异。若将上述的水平差异看作一个大环境,那么结构构件的不同部位受位置、朝向、遮盖情况等局部工作环境(可看作一个小环境)的影响而引起结构自身耐久性劣化程度的不均匀分布,可称为结构服役环境的竖向差异。这种竖向差异的称谓是相对于上述水平差异来说的,并不是说结构局部服役环境仅在竖向上存在差异,而是说相对于自然区域环境在水平空间分布上的差异,结构局部环境的差异可看作相对于该处水平区域环境的竖向分布。

图1-2为浙江省海盐县某桥的耐久性病害调查情况,资料来源于2006—2008年,作者曾负责实施的浙江省海盐县某桥静载试验与耐久性维修加固项目[1-29]。组图中选取了由渗水造成的桥跨结构侵蚀(图1-2a),长期的混凝土风化、水蚀作用导致两侧栏杆和扶手表层砂浆脱落、骨料外露(图1-2b),边侧弦杆混凝土的锈胀开裂(图1-2c),主拱腿侧面混凝土的大片脱落、钢筋外露锈蚀(图1-2d),北拱肋东侧边弦杆的通胀开裂(图1-2e),弦杆纵筋严重的外露锈蚀(图1-2f),西边桥台框架柱顶的开裂破坏(图1-2g),拱肋主拱腿根部的门字形开裂(图1-2h)。从图1-3可以看出,该桥不同部位的劣化情况存在较大的差异,受构件类型、位置和朝向等局部条件的影响显著。在对桥梁外观情况的调查中发现,该桥迎风侧构件和背风侧构件劣化情况存在差异。

以上是以一个具体的工程实例来说明这种差异,在工程实践中这种局部差异的表现随处可见。例如,对于处于大气环境中的室外露天环境的建筑物,需要考虑构件是否接触雨水(即遮盖情况),是否长期干燥或是长期浸没于水中,是否处于水位频繁变动的区域,等;对于海洋氯化物环境的建筑物,需要考虑其不同部位所处的环境分区,如近海大气区、

（a）由渗水造成的桥跨结构侵蚀

（b）长期的混凝土风化、水蚀作用导致两侧栏杆和扶手表层砂浆脱落、骨料外露

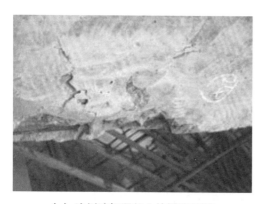

（c）边侧弦杆混凝土的锈胀开裂

（d）主拱腿侧面混凝土的大片脱落、钢筋外露锈蚀

（e）北拱肋东侧弦杆通胀干裂

（f）北拱肋东侧弦杆底部胀裂严重

（g）框架柱顶斜向开裂破坏

（h）主拱腿根部门字形开裂

图1-2　浙江省海盐县某桥整桥耐久性病害调查

海上大气区、水位变动区或是水下区等;对于处于冻融循环环境下的建筑物,则需要考虑其不同部位的饱水情况,以判断和区分结构不同部位受冻融破坏的程度。另外,无论是对于一般大气环境或是海洋氯化物环境,风速和风向也是具体工程实践中要考虑的问题,这又涉及对结构构件位置和朝向的具体考量。

总之,混凝土结构的耐久性设计不仅要考虑自然环境在空间分布上的水平差异,也要考虑结构服役环境的局部竖向差异。另外,结构和构件的个体差异(如结构类型、结构重要性、功能等)和社会因素(如不同地区的经济发展状况等)也是考虑的对象。

1.4 耐久性设计的环境区划

1.4.1 耐久性环境区划的提出

不同地区的气候、地理等环境条件都会随着侵蚀介质的不同而直接导致混凝土结构耐久性劣化的地区差异。由于我国地理跨度大、气候多变,环境的地域差异较大,混凝土结构耐久性病害表现出"南锈北冻"的区域特征:北方严寒地区的混凝土结构(海港、公路等)破坏特征一般为冻融或盐冻破坏,而处于东南和南方湿热地区的混凝土结构一般表现为混凝土碳化或氯盐侵蚀。一些国内外的设计规范和规程都给出了混凝土结构的工作环境分类,一般都是以环境侵蚀机理特征为主并结合各自在不同情况下的对结构侵蚀程度进行定性的分类分级描述[1-29,1-30]。然而,对于工程实际,若不具备量化的指标,即使对于同一环境对象,工程人员对于环境级别的选取也有可能产生差异;而且对于环境温度、湿度及侵蚀介质浓度等对结构耐久性劣化有直接影响且影响较大的指标,仅以定性的指标加以描述或对其不加以明确的考虑,相应的耐久性设计将会出现适用性上或安全性上的问题,或不能满足设计使用寿命期的功能要求。

耐久性设计环境区划正是以混凝土结构耐久性的设计方法为研究对象,围绕结构服役环境和结构内部因素之间的相互作用,关注环境因素对结构耐久性的作用效应和结构对环境作用的抵抗能力之间的相互关系,考虑环境的水平区域分布差异("大环境"),按照不同地区环境对结构耐久性的作用程度对国家或地区版图实际环境进行区域等级的划分,并考虑局部竖向差异("小环境")对上述大环境的区划结果进行修正,结合构件的重要性和具体位置特点,最终建立混凝土结构的耐久性设计区划标准。

(1)混凝土结构耐久性设计的本质是处理混凝土结构自身抗力与所处环境及工作条件之间的关系,目的是提出能够保障混凝土结构耐久性的材料和构造指标取值。混凝土结构耐久性设计的环境区划工作需要把多种多样的环境从空间上进行分区,从区域上定点,同时考虑"大环境"与"小环境",以及结构自身的个体差异。针对以上的考虑,研究工作可以有针对性地进行和得到有效实施。

(2)针对不同的混凝土结构耐久性劣化机理,更为合理地考虑具体区划指标和分区界限,用现象更加客观地反映环境对结构耐久性作用效应强弱的地域特征。

（3）对于混凝土结构耐久性的研究多为室内试验研究,而环境区划研究中更多关注的是复杂多样的室外环境。为了解决这两者之间的矛盾,考虑室内外环境下混凝土结构耐久性劣化的差异,建立两者之间的量化关系。

（4）在已有的研究工作中,所得的成果和数据的参考环境或试验环境存在着差别,不同参照基准间的对比该如何实现;对于已研究较多的混凝土碳化、氯离子侵蚀,该如何从大量的研究成果中选择并建立适合于环境区划工作的内容;而对于研究成果较少的冻融循环环境又该如何考虑;对于缺少的环境数据,如环境氯离子浓度、现场冻融循环次数等又该如何解决。

（5）在区划工作的实施中,将环境对结构耐久性的影响作用进行量化是贯穿始终的,这必然涉及一个共同的参照基准,如相同的结构内部条件(标准试件)、环境基准(代表性环境条件)等,即这些需要预先设定或定义的内容又该如何考虑。

（6）研究内容与现行相关规范的衔接如何考虑,如若自成一体,应用推广是否可行。

1.4.2　耐久性环境区划的目的

引起混凝土结构耐久性失效的原因存在于结构的设计、施工、使用及维护的各个环节。

首先,虽然在许多国家的规范中都明确规定钢筋混凝土结构必须具备安全性、适用性与耐久性,但是这一宗旨并没有充分地体现在具体的设计条文中,使得以往乃至现在的结构设计都普遍存在着重强度设计而轻耐久性设计的现象。以我国2010年颁布的设计规范[1-7]为例,其中除了一些保证混凝土结构耐久性构造措施外,只是在正常使用极限状态验算中控制了一些与耐久性设计有关的参数,如混凝土结构的裂缝宽度等,但这些参数的控制对结构耐久性设计不起决定性的作用,并且这些参数也会随时间变化而变化[1-30]。

其次,不合格的施工也会影响结构的耐久性,常见的施工问题,如混凝土质量不合格、钢筋保护层厚度不足都可能导致钢筋提前锈蚀。

再者,在结构的使用过程中,由于没有合理的维护造成的结构耐久性降低也是不容忽视的,如对结构的碰撞、磨损以及使用环境的劣化等,都会使结构无法达到预定的使用年限。

由上可见,无论从混凝土结构的耐久性基本原理,还是我国混凝土结构的耐久性现状出发,混凝土结构的设计、施工、使用和维护各环节都需要一个耐久性的环境区划标准,通过区分我国不同地区气候与地理条件的差异,明确各区域的耐久性基本要求,提供合适的环境参数和技术措施,减轻环境对结构的不利影响,在总体上保证混凝土结构的安全性、耐久性和经济性,从而满足我国环境保护和可持续发展的要求。这个环境区划标准,作为耐久性设计、施工与维护的第一步,是在有机结合环境、材料、构件和结构等四个层次的研究成果的基础上,借鉴已有的结构设计原则,考虑结构形式、功能、重要程度以及经济等因素,依据结构全寿命周期成本原理确立的。这就是我们开展混凝土结构耐久性设计环境区划标准研究的目的。

参考文献

[1-1] Comité Euro-International du béton. CEB-FIP model code 1990. London : Thomas Telford Services Ltd, 1993.

[1-2] DuraCrete—final technical report: duracrete probabilistic performance based durability design of concrete structures//BRPR-CT95-0132, Project BE95-1347, Document BE95-1347/R17. [S.l.]: The European Union-Brite EuRam Ⅲ, 2000.

[1-3] 金伟良,赵羽习. 混凝土结构耐久性. 北京:科学出版社,2002.

[1-4] 金伟良,赵羽习. 混凝土结构耐久性. 2版. 北京:科学出版社,2014.

[1-5] 邸小坛,周燕. 混凝土结构的耐久性设计方法. 建筑科学,1997,1:16-20.

[1-6] 覃维祖. 混凝土结构耐久性的整体论. 建筑技术,2003,30(1):19-22.

[1-7] 中华人民共和国住房和城乡建设部. 混凝土结构耐久性设计规范:GB/T 50476—2008. 北京:中国建筑工业出版社,2008.

[1-8] 中华人民共和国住房和城乡建设部. 混凝土结构设计规范:GB 50010—2010. 北京:中国建筑工业出版社,2010.

[1-9] 水利部长江水利委员会长江勘测规划设计研究院. 水工混凝土结构设计规范:SL 191—2008. 北京:中国水利水电出版社,2009.

[1-10] 中国铁道科学研究院. 铁路混凝土结构耐久性设计规范:TB 1005-2010. 北京:中国铁道出版社,2011.

[1-11] General guidelines for durability design and redesign// Document BE95-1347/R15. Brussels: The European Union-Brite Euram Ⅲ, 2000.

[1-12] Eurocode 2: Design of concrete structures. [S.l.:s.n.], 1992.

[1-13] Concrete-Part 1: Specification, performance, production and conformity: English version of DIN EN 206-1 (2001-07). [S.l.:s.n.], 2001.

[1-14] Concrete structures: AS 3600-2001. Sydney: Standards Australia International Ltd, 2001.

[1-15] ACI Committee, Wight JK, Barth FG. Building code requirement for structure concrete and commentary (ACI 318M-05). [S.l.]: American Concrete Institute, 2005.

[1-16] Concrete Matetials and Methods of Concrete Construction: CSA A23, 1-94. [S.l.:s.n.], 2011.

[1-17] Structure use of concrete-design and construction: DIN 1045/ A1. [S.l.:s.n.], 2001.

[1-18] Concrete structures—Design and detailing rules prosjektering av betongkonstruksjoner beregnings og konstruksjonsregler: NS 3473, E. [S.l.:s.n.], 2004.

[1-19] Swedish Building Centre, High Performance Concrete Structures-Design Handbook. Stockholm: Elanders Svenskt AB, 2000.

[1-20] Proposed recommendation on durability design for concrete structures. [S.l.]: Concrete Library of JSCE, 1990.

[1-21] Sarja A, Vesikari E. Rilem report 14: durability design of concrete structures. [S.l.:s.n.], 1996.

[1-22] Thomas M,Bentz EC. Life-365 computer program for predicting the service life and life-cycle costs of reinforced concrete exposed to chlorides. [S.l.]:Mendeley Ltd,2000.

[1-23] Vesikari L E,Soderqvist M. Life cycle management of concrete infrastructures for improved sustainability. [S.l.]:Transportation Research E-Circular,2003.

[1-24] Building and constructed assets—service life planning Part 1:General Principles:ISO 15686-1. [S.l.:s.n.],2000.

[1-25] 邸小坛,周燕,顾红祥. WD 13823 的概念与结构耐久性设计方法研讨//第四届混凝土结构耐久性科技论坛论文集"混凝土结构耐久性设计与评估方法". 北京:机械工业出版社,2006.

[1-26] 洪乃丰. 氯盐环境中混凝土耐久性与全寿命经济分析. 混凝土,2005,190(8):29-32,39.

[1-27] Organization for Economic Co-operation and Development,Durability of Concrete Road Bridges. [S. l.:s.n.],1990.

[1-28] 武海荣,金伟良,吕清芳,等. 基于可靠度的混凝土结构耐久性环境区划. 浙江大学学报(工学版),2011,11(3):416-423.

[1-29] 金伟良,武海荣. 某桥质量检测及静载试验报告//浙江大学项目研究报告. 杭州,2008.

[1-30] Tomosawa F. Japan's experiences and standards on the durability problems of reinforced concrete structures. International Journal of Structural Engineering,2009,1(1):1-12.

[1-31] 李田,刘西拉. 混凝土结构耐久性分析与设计. 北京:科学出版社,1999.

[1-32] Jin W L,Lv Q F. Study on durability zonation standard of concrete structural design. International workshop on durability of reinforced concrete under combined mechanical and clinatic loads. Qingdao,China:2005.

2 常见的环境区划方法

受各种地域分异规律的综合作用,地球表面各部分的自然环境特征会发生显著的地域相似性或差异性变化,从而导致处在其中的生产建设活动产生对应的相似性或差异性[2-1]。在全球范围内的国家或地区中,根据其地域的相似性和差异性进行区域的划分,服务于因地制宜地开展生产建设活动,这就形成了区划。根据区划的服务对象和服务目的不同,区划又可以分为自然区划、经济区划和行政区划三个大类[2-2],其中自然区划与本书混凝土结构耐久性环境区划相关,其余的两类区划在此就不一一阐述了。

2.1 自然区划

自然区划是指根据自然环境在空间分布上的规律而划分各自然区域之间的差异和界线,进而对各自然区的特征及其发生、发展和分布规律进行研究,确定各自然区域等级(整体与部分)之间的从属关系,从而构成一个区域等级组合体系[2-3]。

在界科学史上,第一个自然区划的提出是在中国。在4000多年前,中国的战国时代的《尚书·禹贡》中记载,以山、川、湖、海为划界指标,划分全国为冀、兖、青、徐、扬、荆、豫、梁、雍等九个州,并分别对各州的疆域、山脉、河流、植被、土壤、物产、贡赋、民族、交通等自然和人文地理现象进行了简要的描述。欧洲在19世纪初开始区域地理研究,从而开启了近代自然区划研究之先河。我国则以竺可桢于1930年发表的"中国气候区域论"为现代自然区划的开端,以月平均温度和年降水量为分区指标,将中国划分为华南、华中、华北、东北、云南高原、草原、西藏和新疆等八个区域[2-3]。中国很早就开始在中科院领导和组织下开展自然区划的编制工作,1954年已经有《中国自然区划草案》,1956年形成《中国综合自然区划(初稿)》,1961年完成《中国自然区划》,1963年进一步编制了《以发展农、林、牧、副、渔为目的的中国自然区划草案概要》,1984年则编制了《中国综合自然区划概要》。多年来,我国对于自然区划的研究成果已经非常丰富[2-1,2-3,2-4],体现在从单纯对自然环境的区划[中国综合自然区划[2-5](图2-1a)、中国地貌区划[2-6](图2-1b)、中国气候区划[2-7](图2-1c)、中国土壤区划[2-8](图2-1d)],再具体到各行各业针对本行业的自然区划(建筑气候区划[2-9]、农业气候区划[2-10]、公路自然区划[2-11]、冻土区划[2-12]以及生态功能区划[2-13]等),种类繁多。

在中国现行国家规范中,与混凝土结构耐久性环境区划标准密切相关的主要有《建筑气候区划标准》(GB 50178—93)[2-9]、《公路自然区划标准》(JTJ 003—86)[2-11]、《中国地震动参数区划图》[2-14]、《建筑荷载规范》[2-15]中的基本风压与基本雪压以及基本温度的取值分区等内容。

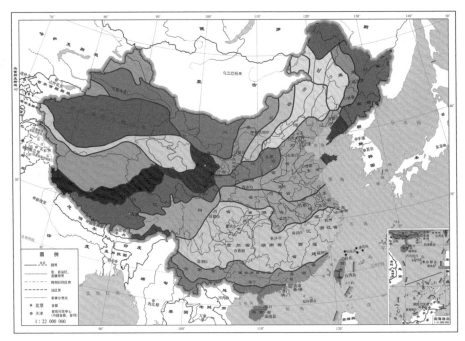

（a）综合自然区划图

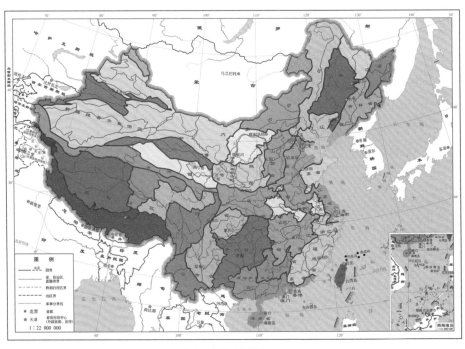

（b）地貌区划图

图2-1　中国自然区划图

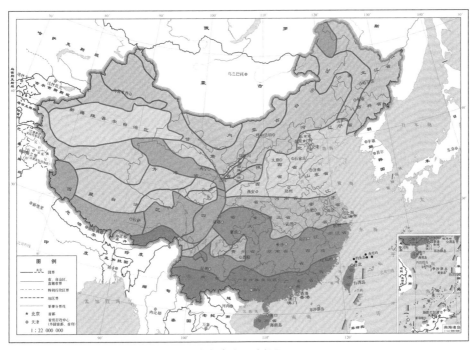

（c）气候区划图

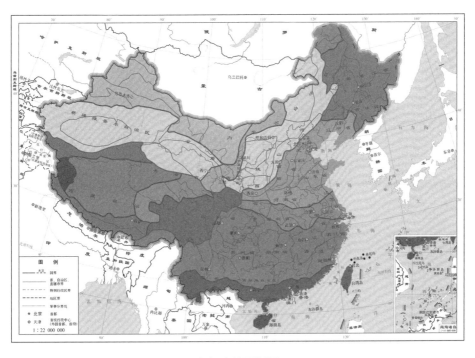

（d）土壤区划图

图2-1(续) 中国自然区划图

2.2　与耐久性环境区划密切相关的区划

2.2.1　建筑气候区划

建筑与气候的关系非常密切。各种气象的基本要素,如季节、大气压、气温、湿度、日照、降水(降雪)、风(风速、风向、风向频率)等,直接作用于建筑本身。这些基本要素经过测量数据的积累,包括年际变动和年代的趋势变化,构成了建筑气候参数。

1934年苏联的《建筑基本法规》[2-16]中就规定以1月和7月的平均气温作为区划的指标,把全国分成了4个气候区;1962年补充了空气相对湿度和平均风速两项指标,除了原来4个大区外又设了13个二级区;1978年根据气温、相对湿度、风速的各种不同组合和重复出现率的不同,把全国分成7个大区和20个二级区。国际上,在1959年成立了“城市与建筑气候学研究小组”;1977年在比利时首都布鲁塞尔开会时,由世界气象组织、国际生物气象学会及国际建筑与规划联合会组成“城市及建筑气候常设委员会”,每三年举办一次讨论会。我国从1958年开始,在全国有关部门的通力协作下,开展了建筑气候区划的编制工作,到1964年完成了《全国建筑气候分区草案》,1993年中国建筑科学研究院建筑物理所主持编制的《建筑气候区划标准》(GB 50178—93)[2-9]成为强制性国家标准。

《建筑气候区划标准》,是在气象学、建筑学、建筑环境工程学等相结合的理论基础上,通过研究各地区的气象要素及气候条件,为了区分我国不同地区气候条件对建筑影响的差异性,从而明确各气候区的建筑基本要求,提供各地区的建筑气候参数,促使建筑适应当地气候条件,合理利用气候资源,防止气候对建筑的不利影响而编制的。《建筑气候区划标准》采用了综合分析和主导因素相结合的原则,把全国分为7个一级区和20个二级区(图2-2):一级区划以气温和相对湿度为主要指标;二级区划考虑了风速与降水量的要素。除了提供各级分区的建筑气候特征值以外,也提出了各区建筑的基本要求,如防冻、防寒、防热、防潮、防风以及防盐雾侵蚀等,不一而足。

但是,这个集多种学科理论于一体,经多年数据搜集整理而集成的成果,却常被工程设计人员忽略了。笔者认为主要原因在于,该标准在区域划分上没有明确的基本理论和概率分析作为依托,只能够定性地提出建筑的基本要求,在实际工程设计、施工和维护中缺乏明确具体的规定,导致应用存在一定的难度。

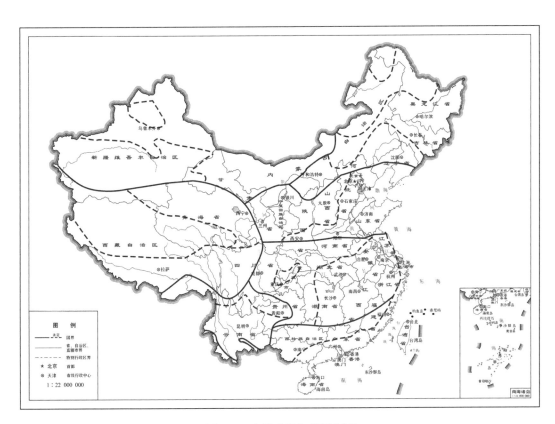

图 2-2　中国建筑气候区划图

2.2.2　公路自然区划

公路作为一种建筑物,一经建成就会不断受到各种自然环境因素的影响,只有在建设环境条件明确的基础上,通过在设计、施工以及养护过程中采取适合当地自然环境的技术措施,才能保障公路的应有使用寿命和正常服务水平。

公路自然区划就是以影响公路建设的各种自然因素为依据,按照自然气候因素的综合性和主导性相结合的原则,采用以地理相关分析为基础的主导标志法划分成的区域等级系统。《公路自然区划标准》则是为区分不同地理区域自然条件对公路工程影响的差异性,在路基、路面的设计、施工和养护中采取适当的技术措施和合适的设计参数,以保证路基、路面的强度和稳定性而编制的规范性文件[2-11]。

在中华人民共和国成立初期,我国公路自然区划基本上沿用了苏联以气候单因素为主的区划方法。到1959年提出了公路气候区划方案,并于1964年进行了修改;1978年11月由国家交通部公路局颁布了"中华人民共和国公路自然区划图"并纳入《公路柔性路面设计规范》;在此基础上,1986年交通部颁布《公路自然区划标准》并沿用至今[2-11]。

中国公路自然区划图见图2-3。

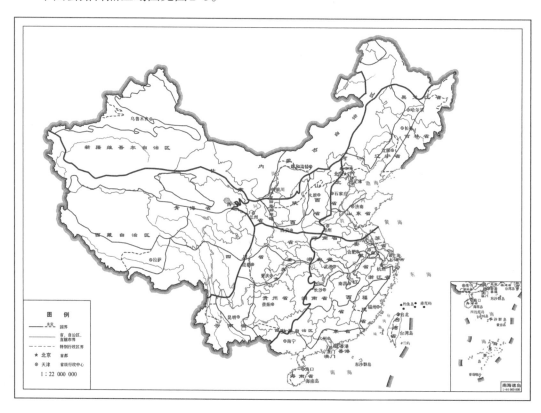

图2-3　中国公路自然区划图

公路自然区划结合了我国地理和气候特点,分为三个等级[2-11]。

●一级区划以全国性的纬向地带性和构造区域性为依据,根据地理、气候因素而确定。对纬向性的区域,采取了气候指标;而对非纬向性的区域,则强调构造和地貌因素;中部个别地区则采用土质作为指标。

●二级区划仍以气候和地形为主导因素,但是其标志则是以潮湿系数K为主的一个标志体系。

●三级区划是二级区划的进一步划分。

和《建筑气候区划标准》相类似,每个分区可根据不同的地理和气候条件,提出路基路面的设计施工和养护方面的要求。

但是公路自然区划标准也存在着明显的不足,主要表现在:①公路自然区划的服务对象是以低等级为主的公路建设,随着高等级公路的大规模建设,现行区划已经不能满足实际需要;②自然区划的划分偏重于自然地理和气候体系,而对公路病害尤其是耐久性病害涉及较少,从而导致很多在役公路桥梁出现耐久性的劣化,不能达到设计使用寿命和正常服务水平。

因此,无论是公路自然区划标准还是建筑气候区划标准,都不能作为混凝土结构耐久性的环境区划标准。

2.2.3　地震区划

早在20世纪初,我国的气象与地质工作者就地震烈度区域划分问题发表了不少重要的调查报告与研究成果,并在20世纪20年代就向全世界发布了中国地震区分布图[2-17]。在这份我国最早的地震区划图的编制过程中已经将地质构造和地震活动的空间分布联系起来,开创了我国地震区划研究的先河。1957年,在学习苏联的地震区划图编制基础上,中华人民共和国第一代地震区划图得以完成;1977年,国家地震局颁布了第二代地震区划图[2-17],以确定性方法给出了百年内地震基本烈度值;1990年,第三代地震区划图[2-18]的编制首次以超越概率的形式定义了基本烈度的概念,采用了地震危险性概率分析方法。

2001年,《中国地震动参数区划图》(GBJ 18306)[2-19]发布,从烈度区划转变为动参数区划,综合考虑了地震环境、工程重要性和可接受的风险水平、国家经济承受能力以及所要达到的安全目标等因素。该区划采用了国际通行的区划编制方法,符合国际发展趋势。在科学、经济的前提下,新编区划的编制保持了政策上的连续性和兼容性,已普遍应用于全国结构抗震设计之中。

新区划图编制的主要原则如下。

●充分吸收国内外有关地震区划的最新的,特别是近10年的研究成果。

●采用多学科综合研究的手段,充分考虑中国地震环境和地震活动区域性差异以及不同时间尺度的地震预测结果。

●应用地震危险性概率分析方法,科学地考虑各环节的不确定性因素及其影响。

●用地震动参数,即地震动峰值加速度和地震动反应谱特征周期,来综合反映场地影响和地震环境特点。

● 区划图适用于新建、改建、扩建一般建设工程抗震设防以及编制社会经济发展和国土利用规划。

● 以全文强制性国家标准的形式颁布,并考虑抗震设防政策和使用上的连续性,与现行国家法律、法规、标准协调一致及实施过程中的可操作性。

该区划标准中的抗震设防要求所对应的概率水准是50年超越概率10%的水平,但同时对于特别重要或者有特定功能的建筑,区分的情况就是具体给出了不同设计基准期的不同超越概率。

地震区划的区划指标则除早期的《中国地震区分布图》以地震区带分布为对象进行区划外,我国第一代、第二代和第三代地震区划图均为地震烈度区划,而现行地震区划图[2-14]则为地震动参数区划(图2-4),包括地震动加速度反应谱特征周期区划图(图2-4a)和地震动峰值加速度区划图(图2-4b)。可以看出,地震烈度和地震动参数区划均为地震对被作用物的影响结果的区划,而不是对地震本身特征(如地震分布)的区划。从对烈度这种宏观指标的区划发展到地震动参数这种可以直接用于设计的量化指标的区划,是地震区划工作中的一个很大的进步。

地震区划图的编制方法也经历了从无明确的时间概念到具有明确的时间概念、从确定性方法到应用地震危险性概率分析方法的过程,更为科学地考虑了各环节的不确定性因素及其影响。

2.2.4 基本雪压与基本风压区划

2.2.4.1 基本雪压区划

基本雪压为雪荷载的基准压力,是"按当地空旷平坦地面上积雪自重的观测数据,经概率统计得出50年一遇最大值确定"。

我国1958年颁布实行的《荷载暂行规范》(规结1-58)[2-20]中,就已经根据1949年前后的雪深资料绘制了全国最大雪深分区图,并根据各年最大雪深的平均值乘以全国平均积雪密度来确定基本雪压。不过很显然,1949年前后我国气象台站数量稀少,资料年限短,数据可靠性也比较差;采用最大雪深的平均值,而不是最大值,实际上低估了积雪对建筑安全的影响;此外,各地的积雪密度其实差别亦很大,采用平均积雪密度也不符合实际情况。因此,我国有雪的十七个省、自治区和直辖市各台站从20世纪50年代起陆续建成并投入使用后,就开始比较系统地搜集积雪资料。1974年我国颁布的《工业与民用建筑结构荷载规范》(TJ 9—1974)[2-20,2-21]在编制过程中调查了这些地区台站的积雪情况,搜集了1951—1972年(最少也有15年)的积雪资料,其中以每年7月至次年6月作为一个统计年度统计年最大积雪深度,并根据全国80多个点的积雪密度资料统计绘制了全国积雪密度分布图。在此基础上,采用年最大积雪深度和积雪密度的乘积作为年最大雪压,按照皮尔

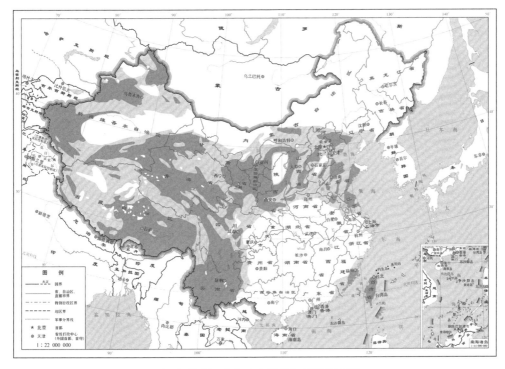

（a）地震动加速度反应谱特征周期区划图

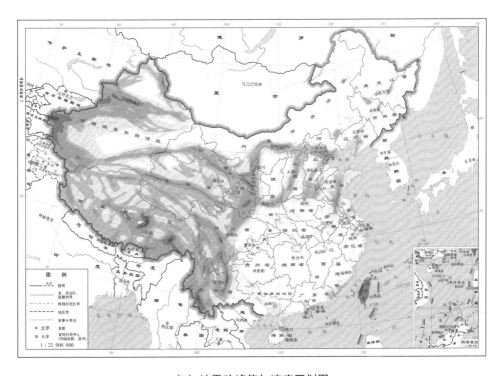

（b）地震动峰值加速度区划图

图2-4 中国地震动参数区划图

逊Ⅲ型曲线进行数理统计求出30年一遇的最大雪压并将此作为基本雪压,并按照0.05 kN/m²分区间距绘制了全国基本雪压分布图,图2-5中的基本雪压等值线按照0.10 kN/m²递增。此外,TJ 9—1974规范也对山区雪压提出了修正建议[2-20]。

在上述方法基础上,此后的TJ 9—1987规范[2-22]、TJ 9—2001规范[2-23]都继续丰富和更新各地共计672个气象台站的雪压或雪深资料(TJ 9—1987规范更新到了1981年,TJ 9—2001规范更新到了1995年),并在重现期为50年的前提下,采用极值Ⅰ型概率分布模型对年最大雪压或雪深资料进行统计分析,求得最大雪压,并据此进一步对基本雪压分布图进行了修正。

我国现行的《建筑结构荷载规范》(GB 50009)[2-15]在原TJ 9—2001规范基础上,更新了全国各地气象台站从1995年到2008年的雪压或雪深资料,继续修正了全国基本雪压分布图。图中基本雪压的取值从0 kN/m²起至1.0 kN/m²,以每增加0.10 kN/m²绘制等值线进行分区,1.0 kN/m²以上只绘出3.0 kN/m²等值线;该规范还提供了重现期分别为10年、50年和100年各地基本雪压取值表,采用更为细致详尽的数据精准满足了性能设计的需要;除基本雪压分布图(图2-5a)以外,该规范还依据雪压随时间的分布变化给出了雪荷载准永久值分布图(图2-5b);此外,还给出了基本雪压的相关强制性条文规定,完善了雪荷载的计算方法。

2.2.4.2　基本风压区划

与基本雪压类似,我国各地台站从20世纪50年代起就比较系统地搜集风速数据。1974年我国颁布的《工业与民用建筑结构荷载规范》(TJ 9—1974)[2-21],在编制过程中关于基本风压的分布,首先搜集了全国400多个地点的气象台站从1951年到1971年(部分台站从1955年或者1958年到1971年)的年最大风速资料,从大型天气环流、台站位置、仪器的准确性和风灾调查情况等四个方面对这些原始风速资料进行了审定,并对风仪高度和风速资料取值进行了清查;然后通过风仪高度换算和次时换算(定时观测次数和风速时距合为一次换算),将不同风仪高度和4次定时2分钟平均年最大风速统一换算成离地10 m、自记10分钟平均年最大风速;之后采用皮尔逊Ⅲ型曲线和极值分布进行风速的数理统计,求出30年一遇最大风速;最后按照风速风压关系公式计算出30年一遇的基本风压,并绘制成全国基本风压分布图。

在上述方法基础上,此后的TJ 9—1987规范[2-22]、TJ 9—2001规范[2-23]都继续更新各地台站的风速资料(TJ 9—1987规范更新到了1981年,TJ 9—2001规范更新到了1995年),在重现期为50年的前提下,按照极值Ⅰ型概率分布模型统计求出了基本风压,并对山区、沿海海面和海岛等地的基本风压进行了调整,进一步对基本风压分布图进行了修正。

我国现行的《建筑结构荷载规范》(GB 50009)[2-15]在原TJ 9—2001规范基础上,更新了全国各地气象台站从1995年到2008年的风速资料,继续修正了全国基本风压分布图(图2-6),图中基本风压的取值从0.30 kN/m²起,绘制0.10 kN/m²间距的等值线进行分区;该规

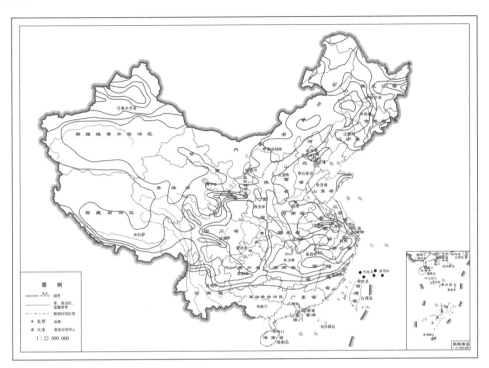

（a）全国基本雪压分布图

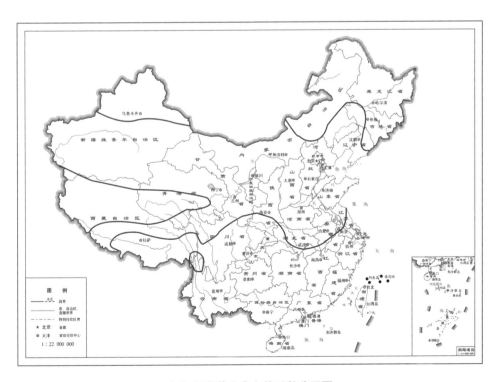

（b）雪荷载准永久值系数分区图

图2-5 中国的基本雪压分布图

范还提供了重现期分别为10年、50年和100年的各地基本风压取值表,采用更为细致详尽的数据精准满足了性能设计的需要。此外,还给出了基本风压的相关强制性条文规定,完善了风荷载的计算方法。

我国现行的《建筑结构荷载规范》(GB 50009)[2-32]中除了基本雪压分布和基本风压分布以外,也给出了基本气温分布图。基本气温是根据当地气象台站历年记录所得的最高温度月的月平均最高气温值和最低温度月的月平均最低气温值资料,按照平均重现期为50年,经极值Ⅰ型概率分布模型统计分析确定。这里不再赘述。

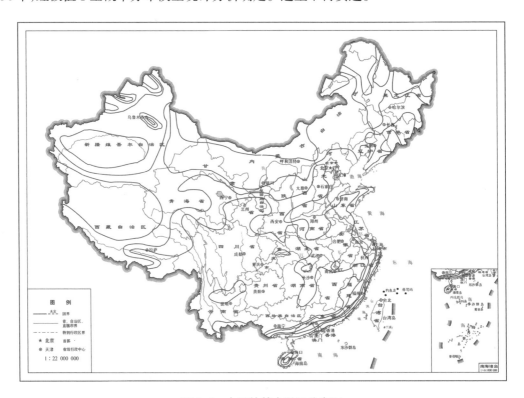

图2-6　中国的基本风压分布图

以上这些区划所反映出的区域划分原则、区域划分指标以及区域化分析方法的沿革,充分体现出我国区划理论和区划实践多年以来,尤其是近20年以来的互相结合、互相促进与互相完善,这些都为本书中的混凝土结构耐久性环境区划标准以及相应的设计方法的确立提供了坚实的基础和丰富的借鉴资料。

2.3　环境腐蚀性分类分级

绝大部分材料都是在自然环境(大气、水、土壤)中使用。材料在不同自然环境中的腐蚀破坏程度,随所处的环境因素的不同而有差别。例如,钢的腐蚀速度随距离海岸的远近而不同:距海洋24.3 m处的钢的腐蚀速度比离海岸距离243.84 m处大12倍;Q235钢板在拉萨城市、青海查尔汗盐湖、广州城市、湛江海边的大气腐蚀速率为1:4.3:23.9:29.4。国内外对材料在自然环境中的腐蚀研究,主要通过建立自然环境试验场、站,进行材料以及其制品的暴露试验,积累数据,建立数据库,对材料的自然环境腐蚀规律进行研究,对环境的腐蚀性进行分类分级和评价。

传统的大气腐蚀性分类方法是根据环境状况而分类的,如工业大气、海洋大气、乡村大气、城市大气以及一些更细的分类。这种分类方法不足之处是没有细致地考虑工业的类别、城市密度和所用的燃料等方面的差异,因而不能提供一个能预测大气腐蚀性的定量方法。另一种方法是根据金属标准试件的腐蚀速率进行分级,即将钢、锌、铜、铝等标准试片在某自然环境暴露一年后,由失重值确定大气腐蚀的分级;还有一种方法是根据大气环境中SO_2浓度、Cl^-沉降量和试件的湿润时间,形成一个推测性的腐蚀分级。影响材料在海洋环境中腐蚀的因素很多,其中包括化学的(氧、盐、碳酸盐、有机化合物、污染物等)、物理的(温度、流速、压力等)和生物的因素,建立海水腐蚀模型十分困难,对于海水腐蚀性的评价方法研究相对较少。评价土壤腐蚀性最基本的方法是测量典型金属在土壤中的腐蚀失重和最大点蚀深度。这种方法能直接、客观和比较准确地反映土壤的腐蚀性,同时还可以作为评价其他方法是否正确的依据。然而这种方法必须进行较为长期的埋片试验,可行性较差。

综上所述,国内外对大气腐蚀环境、海水腐蚀环境和土壤腐蚀环境腐蚀性的研究基本以金属(如钢、锌、铜、铝等)为研究对象,将金属标准试件置于自然环境中暴露,通过一段时间(如1年)后的指标(如失重值、侵蚀深度等)测定来对自然环境的腐蚀性进行分级和评定。如上面提到,鉴于自然暴露试验的周期较长和操作可行性较差,已有研究者希望建立快速评定方法,直接以一些理化性质作为评价指标进行评定。

以上这些区划所反映出的区域划分原则、区域划分指标以及区域化分析方法的沿革,充分体现出我国区划理论和区划实践多年以来,尤其是近20年以来的互相结合、互相促进与互相完善,这些都为本书中的混凝土结构耐久性环境区划标准以及相应的设计方法的确立提供了坚实的基础和丰富的借鉴资料。

参考文献

[2-1] 陈传康,伍光和,李昌文.综合自然地理学.北京:高等教育出版社,1993.

[2-2] 王静爱,左伟.中国地理图集.北京:中国地图出版社,2009.

[2-3] 赵松乔.现代自然地理.北京:科学出版社,1988.

[2-4] 冯绳武.中国自然地理.兰州:兰州大学出版社,1990.

[2-5] 中国科学院自然区划工作委员会.中国综合自然区划(初稿).北京:科学出版社,1959.

[2-6] 中国科学院自然区划工作委员会.中国地貌区划(初稿).北京:科学出版社,1959.

[2-7] 张家诚.中国气候总论.北京:气象出版社,1991.

[2-8] 刘光明.中国自然地理图集.北京:中国地图出版社,2010.

[2-9] 中华人民共和国建设部.建筑气候区划标准:GB 50178—93.北京:中国建筑工业出版社,1993.

［2-10］李世奎.中国农业气候资源和农业气候区划.北京:科学出版社,1988.

［2-11］交通部公路规划设计院.公路自然区划标准:JTJ 003—86.北京:人民交通出版社,1986.

［2-12］Jin R,Li X,Che T. A decision tree algorithm for surface soil freeze/thaw classification over China using SSM/I brightness temperature. Remote Sensing of Environment,2009,113(12):2651-2660.

［2-13］国家环境保护部,中国科学院.全国生态功能区划(修编版).出版者不详,2015.

［2-14］中国地震动参数区划图:GB 18306—2015.北京:中国标准出版社,2015.

［2-15］中华人民共和国住房和城乡建设部.建筑结构荷载规范:GB 50009—2012.北京:中国建筑工业出版社,2012.

［2-16］窦以松,项阳,邵卓民.俄罗斯的建筑技术法规与技术标准.水利技术监督,2003,11(2):50-55.

［2-17］孙寿成.关于地震区划图编制的几个历史性问题.地震学刊,1994(3):56-61.

［2-18］中国地震烈度区划图编委会.中国地震烈度区划图(1990)及其说明.中国地震,1992,8(4):1-11.

［2-19］徐坚如.地震区划和地震动参数区划图简介.高速铁路技术,2002(4):8-12.

［2-20］荷载规范修订组.荷载规范中的雪荷载问题.建筑结构,1977(2):30-34.

［2-21］国家建委建筑科学研究院.《工业与民用建筑结构荷载规范》修订内容简介.冶金建筑,1975(3):33-39.

［2-22］中华人民共和国住房和城乡建设环境保护部.建筑结构荷载规范:GBJ 9—87.北京:中国建筑工业出版社,1988.

［2-23］中华人民共和国住房和城乡建设部.建筑结构荷载规范:GB 50009—2001.北京:中国建筑工业出版社,2006.

3 耐久性环境区划的基本方法

腐蚀是材料在环境作用下发生变质并导致破坏的过程,几乎所有材料在使用过程中,都会受环境作用而发生腐蚀[3-1]。混凝土结构的耐久性劣化正是环境对混凝土或钢筋的物理或化学作用,而使材料发生腐蚀,引起混凝土构件以及结构外观变化、使用性能甚至承载能力退化,从而不再满足设计功能要求。混凝土材料的非均匀性、性能的离散性以及混凝土与钢筋之间相互作用的复杂性,尤其是结构外部环境存在的显著差异,都使混凝土结构耐久性问题更加复杂。因此,混凝土结构的耐久性问题一直是工程界关注的热点。

我国地域辽阔、海岸线长、气候多变、地形复杂,气候与地理条件的区域差异非常大。材料在不同大气环境中的腐蚀程度,会随所处环境因素的分布差异存在着相应的地域分布特征。例如,Q235钢板在拉萨城区、青海查尔汗盐湖、广州城区、湛江海边的大气腐蚀速率比为$1:4.3:23.9:29.4$[3-1],且我国的混凝土结构耐久性病害表现出显著的"南锈北冻"的区域特征。因此,环境作用的分类分级是混凝土结构耐久性设计需要考虑的基础问题。混凝土结构耐久性环境区划研究正是着眼于结构服役环境的区域特征,进行基于结构耐久性环境作用效应的区划和建立基于环境区划的结构耐久性设计标准[3-2,3-3],以服务于工程实践。

3.1 耐久性环境区划标准的内涵

3.1.1 耐久性环境区划标准的定义

混凝土结构耐久性环境区划标准[3-4](Durability Environmental Zonation Standard, DEZS),是根据环境对混凝土结构的作用效应而划分区域,并结合结构自身特性,如结构形式、功能以及重要性等,给出各区域混凝土耐久性材料指标取值与构造措施的规定。耐久性环境区划标准充分考虑了工程结构所处的环境及其对结构耐久性的影响程度,将区域共性与结构个性相结合,是普遍适用于钢筋混凝土结构设计的设计准则。

所谓区域共性,是指整个国家的自然与社会环境条件虽然千差万别,但是局限在一定区域内却可以达到相对一致。正因为如此,才能够主要依据自然环境条件和重要程度的差异将整个国土范围划分为不同区域,对每个区域给出统一的设计规定。各区域的环境条件具体反映在温度、湿度、降水、冻融、二氧化碳和氧气的含量、氯离子浓度以及其他如空气、水和土壤中的腐蚀性介质等参数上的差异,其决定了混凝土碳化、氯离子侵蚀、钢筋锈蚀以及冻融循环等作用程度的差别,也正是这样的差别才使得环境区划标准的制定成为可能。我国现行的多部规范中所进行的环境分类,也是根据这些参数进行的。除了环境条件以外,区域的重要程度也不可忽视,因为这关系到结构耐久性失效产生的经济损失和政治影响等方面,而这些方面则主要取决于该地区的发展状况了。

所谓结构个性,则是指每个结构的重要性、位置、形式与功能乃至荷载状况等参数。每个结构都有个性的差别,而这些个性与结构的全寿命周期成本紧密相关,是进行结构耐久性合理设计必不可少的条件,因此也同时需要纳入区划标准规定的考虑之中。当然,根据具体情况可能还会有一些其他的因素需要考虑,这里不一一述及了。

DEZS可以简化和优化混凝土结构的耐久性设计,并发展成类似于我国《建筑抗震设计规范》(GB 50011—2010)中的地震动参数区划的定量设计方法。

3.1.2　基本原则

建立DEZS时应遵循以下三个基本原则。

(1) 根据实际自然环境(包括水文、气候和地理环境等)条件,反映混凝土结构耐久性劣化在时空上的不均匀分布。

由于自然环境因素的影响,混凝土结构的耐久性劣化存在着空间和时间上的不均匀分布。

如前所述,受地理和气候环境的影响,我国的钢筋混凝土结构普遍存在着"南锈北冻"的现象。东北、华北和西北地区气候严寒,混凝土结构往往表现为冻融破坏以及盐冻破坏,而东南和南方地区,气候普遍湿热,常受海洋环境影响,往往因混凝土碳化或氯离子侵蚀引起钢筋锈蚀。而处于东南沿海的浙江省,随着海洋环境向陆地环境的转变以及相对湿度由南向北的降低,耐久性劣化程度也表现出由重向轻的趋势。这些都是耐久性劣化在空间上的不均匀分布的表现。

耐久性也是一个随时间不断劣化的过程。混凝土结构中的钢筋锈蚀就是典型的随时间积累的过程;其他的劣化过程,如混凝土碳化、冻融等现象也反映出随时间的不均匀分布。

因此,将自然环境条件的分布与结构耐久性的劣化过程相结合,建立统一的环境区划标准,成为完善与发展混凝土结构耐久性设计与评估方法的首要任务。

(2) 不仅要考虑环境层次的耐久性影响,而且要考虑材料、构件和结构层次的耐久性影响。

混凝土结构的耐久性研究分为环境、材料、构件和结构四个层次。

环境层次的耐久性研究包括不同环境作用的影响与不同环境因素的影响两个方面。环境作用可分为冻融、化学物质侵蚀、生物和机械物理作用等,而环境因素包括气候条件、应力状态、环境中侵蚀性介质在材料内部的渗透等。

混凝土结构耐久性环境区划标准必须基于在环境层次上的研究成果,通过对影响结构耐久性的主要环境因素与作用的分析,结合其他层次的研究成果,根据具体自然条件,选取适合的参数。

（3）借鉴已有的结构设计原则，考虑结构形式、功能、重要程度以及经济等因素，实现结构全寿命周期成本最优化。

考虑在结构全寿命周期成本[3-5]（Structural Life-Cycle Cost，SLCC）设计理念的基础上进行结构耐久性设计的必要性，基于可靠度的混凝土结构设计已成为当今世界设计方法的主流。混凝土结构耐久性的研究成果要应用于实践，指导设计与施工，就必须考虑与现行设计规范衔接，能够为设计与施工技术人员所掌握与接受。

因此，在SLCC设计理念基础上，结合国内外耐久性研究成果和已有的结构设计原则，提出基于性能的混凝土结构耐久性最优设计的基本方法，实现耐久性设计由定性向定量的转移，已经成为混凝土结构设计理论发展的必然趋势。根据环境、作用、结构形式与功能等进行综合分析，从而建立DEZS，则成为耐久性设计的第一步。

在建立环境区划标准时，这三条原则缺一不可。只有在此基础上进行建立混凝土结构耐久性环境区划标准的工作，才能够有明确的思路和正确的方向指导接下来的工作。

3.1.3　适用范围

DEZS是混凝土结构耐久性设计准则的一部分，本节所阐述的适用范围借鉴了《混凝土结构耐久性设计规范》（GB/T 50476—2008）[3-6]中的相关内容。

第一，DEZS即混凝土结构耐久性环境区划标准，顾名思义，是主要面向钢筋混凝土结构以及预应力混凝土结构，包括房屋、桥梁、涵洞、隧道与一般构筑物等，不适用于轻骨料混凝土与其他特种混凝土结构，也不适用于其他如钢结构、木结构、砖石结构、钢-砼组合结构等。对于特殊腐蚀环境以及生产、使用、排放或贮存各种有害化学腐蚀物质的结构物，应参照专门的标准。鉴于普通钢筋混凝土结构以及预应力混凝土结构在我国是最主要的结构类型，因此，DEZS充分具有工程实用价值。

第二，DEZS仅考虑了常见的环境作用对混凝土结构耐久性的影响，所考虑的环境作用因素包括温度、湿度（水分）及其变化，空气中的氧、二氧化碳和空气污染物（盐雾、二氧化硫、汽车尾气等），所接触土体与水体中的氯盐、硫酸盐、碳酸等物质，以及北方地区为融化降雪而喷洒的化学除冰盐等。DEZS不涉及低周疲劳荷载、振动、撞击与磨损等力学作用对耐久性的影响，也不涉及生物作用、辐射作用与电磁作用，虽然微生物和杂散电流有时可引起混凝土腐蚀和钢筋的严重锈蚀。

第三，由于环境作用的复杂性、不确定性、不确知性以及缺乏足够多的经验和数据，DEZS目前所能提供的还只是一种基于现行认识的近似判断和估计。DEZS只是通常情况下为满足结构安全性、适用性和可修复性的最低要求，设计人员要结合工程和环境的具体情况，必要时采取更为严格的要求。此外，如有基于工程经验类比或者基于材料性能劣化模型计算结果的可靠依据，并通过专门论证，可以修正或者取代DEZS的个别规定和要求。

第四，由于DEZS是结合中国的具体条件，如自然条件、劣化特征、施工水平以及社会条件等提出来的,因此仅适用于中华人民共和国范围内的结构。

3.2　耐久性环境区划应考虑的问题

混凝土结构耐久性环境区划的研究是对混凝土结构耐久性设计方法的研究,即如何选择合适的材料与构造等措施来满足结构在一定服役环境下的耐久性要求。混凝土结构耐久性环境区划研究的最终目的就是要建立基于环境区划的混凝土结构耐久性设计方法,即混凝土结构耐久性环境区划标准(DEZS)。混凝土结构耐久性设计环境区划研究可以从如何对结构的服役环境进行环境区划和建立基于环境区划的设计方法两方面来进行考虑。

3.2.1　环境的区域水平差异

受地理气候环境影响,自然环境存在着区域分布的水平差异。这种差异,使处于其中的混凝土结构的耐久性劣化也存在着显著的区域特征。本书将这种差异称为混凝土结构劣化特征在水平空间上的差异,定义为区域水平差异,相应的环境称为区域环境。在区域环境的作用下,混凝土结构耐久性的水平差异表现在不同地区耐久性劣化机理的差异和相同劣化机理在不同地区的环境作用效应强弱的差异。

区域环境的环境因素主要包括温度、湿度、二氧化碳浓度、降水、风等区域内普遍存在的因素。针对区域环境作用下的水平差异,本书将通过以下方法进行考虑。

(1) 将与不同环境作用类别对应的混凝土结构耐久性劣化机理分别进行耐久性环境区划研究。

(2) 针对某一耐久性劣化机理,以国家或地区的版图区划考虑区域环境的环境区划来反映不同地区的环境作用程度的差异。

3.2.2　环境的局部竖向差异

在结构的服役过程中,结构构件不同部位受局部工作环境的影响而引起结构自身耐久性劣化程度的不均匀分布。本书将这种差异称为混凝土结构劣化特征在结构自身的竖向空间差异,定义为局部竖向差异,相应的环境称为局部环境。要说明的是,局部竖向差异所指的竖向差异是相对于上述区域水平差异来定义的,即相对于自然区域环境的水平差异,结构局部环境的差异可以看作竖向分布。

局部环境的影响因素包括位置、朝向、遮盖情况等,对应于相关设计规范中对不同环境类别的环境作用条件的具体划分,如《混凝土结构耐久性设计规范》(GB / T 50476—2008)[3-6]。针对局部环境作用下的竖向差异,本书将通过以下方法进行考虑。

(1) 明确区域环境耐久性环境区划的基准环境,建立基准环境的区划。

(2) 对于局部环境对结构的耐久性作用等级,根据结构所处的区域环境的区划等级,相对于选定的基准环境,通过调整系数来进行考虑。

3.2.3 结构个体差异

混凝土结构耐久性设计除应考虑环境作用外,同时需考虑结构的个体差异,如结构和构件类型、结构重要性以及功能等,同时还要考虑不同地区的经济发展状况等社会因素。

结构类型包括结构形式与构件类型。结构形式主要有素混凝土结构、普通钢筋混凝土结构与预应力钢筋混凝土结构等,其中素混凝土耐久性要求最低,普通钢筋混凝土结构居中,而预应力钢筋混凝土结构的耐久性要求最高。构件类型包括梁形、柱形等构件和墙形、板形等构件。结构的重要性直接关系到结构的耐久性修复成本及其因失效引起的经济损失,多以设计使用年限要求的不同来进行区分和考虑。

这里需要指出的是,对于结构的个体差异,本书暂不作考虑。在本书中的相关计算与取值涉及暴露时间或设计使用年限时,取50年为基准年限,而对于非基准年限,则需引入时间修正系数加以考虑。

图3-1形象地展示了结构耐久性设计中的区域水平差异、局部竖向差异和结构个性差异的空间分布情况。

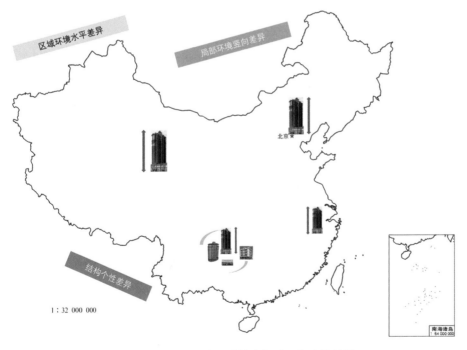

图3-1 结构耐久性设计的空间差异与个性差异

3.2.4 多种机理同时作用

结构在所处的工作环境中,其耐久性往往同时受到多种侵蚀作用,如沿海地区混凝土碳化与氯离子侵蚀可能会同时发生,或发生北方海港的盐冻侵蚀等。

关于这个问题,本书在混凝土结构耐久性设计区划的研究中遵循以下两点原则。

（1）不同耐久性侵蚀机理的研究同时进行,不考虑耦合作用。

（2）当结构受到多种环境共同作用时,耐久性设计中应分别满足每种环境单独作用下的耐久性要求,即按较为严酷的环境进行设计。

3.2.5　指标量化方法

耐久性指标的量化应包括环境指标的量化和环境对混凝土结构耐久性影响程度（寿命、侵蚀深度或性能退化等）指标的量化。

环境指标除了可以直接由基础数据获得年均气温、月均气温、年均湿度等指标外,其他如环境降温速率、负温天数、正负温交替次数、近海环境的 Cl^- 沉降量、除冰盐用量等,则需要通过对基础环境资料进一步分析,对相关研究和检测数据进行统计,建立合适的计算方法。

要量化环境对混凝土结构耐久性的作用效应,首先需要建立结构耐久性侵蚀或性能退化预测模型,其次需要对所建模型中相关参数进行分析与确定。这些是衡量环境对结构作用效应强弱程度和校核耐久性设计规定是否满足预期要求的手段。

对于量化方法的考虑,主要包括以下几点。

（1）量化方法的研究主要针对研究成果较为丰富且适宜在大区域内进行分区研究的混凝土碳化、氯离子侵蚀和冻融循环这三种耐久性劣化机理进行。

（2）基于国内外大量研究成果,并结合笔者主持的相关侵蚀机理下的标准化试验数据,建立侵蚀或性能退化预测模型和确定模型参数的取值方法。其中,试验室环境条件与真实的结构暴露环境条件下混凝土结构耐久性劣化机理的相似性和差异性分析是特别值得关注的问题。

（3）需要量化的环境指标主要结合上述耐久性预测模型选取,量化方法则基于环境气候基础数据和相关调查或实测数据进行有针对性的分析并确定。

3.2.6　参照基准

进行耐久性指标量化分析需要建立指标参照基准。参照基准包括两方面,即标准内部条件和标准外部条件。

标准内部条件是指用于对环境作用效应进行衡量的结构材料条件,即进行性能退化预测或寿命预测的基准,称为标准试件。将这个虚拟试件暴露于特定的自然环境中,计算环境作用系数,预测一定年限下的结构耐久性性能退化指标或一定条件下的耐久寿命,以这些量化结果衡量环境对结构的作用效应强弱。

标准外部条件是指进行研究时的基本环境对象,称为基准环境,需要针对不同的环境类别分别定义。例如对于一般大气环境,可将基准环境定义为非干湿交替的露天环境,这种环境条件是一般大气环境中最为普遍的环境。

参照基准的选取将在后面相应章节中逐一说明,这里不再详细讨论。

以上罗列的问题可能还没有完全覆盖到所有混凝土结构耐久性环境区划设计方法研究的每个层面,在今后的理论研究与应用实践中还可以进一步发展完善。需要特别指出的是,这种全新的混凝土结构耐久性定量化设计方法的应用不能独立于现行的设计规范体系之外,需要明确与现行设计规范体系之间的兼容与对应关系。

3.3　耐久性环境区划的方法体系

3.3.1　耐久性环境区划方法与区划指标

混凝土结构耐久性环境区划是混凝土耐久性区划设计方法的重要组成部分。研究服役环境作用效应与结构抵抗能力之间的相互作用,建立两者的量化关系是本书贯穿始终的内容。本节对混凝土结构耐久性环境分区分级(区划)方法的探讨目的为确定合理的分区指标,即分区指标确定。

基于耐久性区划概念与方法体系[3-4,3-7],将环境对结构耐久性的作用效应归结于统一的量化指标中,目前主要采用了以下四种环境区划方法:考虑寿命、侵蚀深度和关键性主导环境因素的综合性分区方法[3-5,3-8],以相对寿命为指标的分区方法[3-9],以侵蚀深度为指标的分区方法[3-10],以量化的总体环境指标进行分区的方法[3-11]。

本节以一般大气环境下的环境区划为例,分别进行以上四种方法的讨论与分析,明确混凝土结构耐久性环境分区指标合理选择的必要性。其他环境类别,包括海洋环境和冻融循环环境,将在后续相应章节中具体阐述。

3.3.1.1　分析方法与步骤

对混凝土结构耐久性环境区划方法的探讨基于寿命(相对寿命道理相同,略去)、侵蚀深度、主导环境因素、量化的总体环境指标这四项指标,针对不同的预测模型和标准试件,研究分区方法的适用性,其基本规定、假定或前提见表3-1。

表3-1　基本规定或假定

项目	基本规定与假定	备注
预测模型	① $X(t)=k_{RH}k_Tk_{CO_2}k_t\left(\dfrac{264.1}{\sqrt{f_{cu}}}-30.87\right)$ ② $X(t)=1.2k_{CO_2}k_{RH}k_T\left(\dfrac{57.94}{\sqrt{f_{cuk}}}-0.76\right)\sqrt{t}$	研究不同标准试件情况时,以模型①为准
标准试件	A 好:普通硅酸盐水泥,高强度f_{cu}＝30 MPa B 差:普通硅酸盐水泥,低强度f_{cu}＝20 MPa	28天标准养护;研究不同标准试件情况时,以试件A为准
环境数据	见第4章相关内容	按照全国区域范围考虑
基准环境	非干湿交替的露天环境	即不接触或偶尔接触雨水
基准年限	50年	用于侵蚀深度的计算,即暴露50年后标准试件的碳化深度
保护层厚度	30 mm	用于耐久寿命的预测,即保护层厚为30 mm的标准试件在环境中的耐久性年限
预测方法	参见第5章	基于可靠度的概率预测方法
分区方法	等分	根据指标值等分为七份,以便对比讨论

注:模型①的建立和参数说明与参数取值详见文献[3-8];模型②的确定和参数说明与参数取值见文献[3-15]。

3.3.1.2　区划指标

3.3.1.2.1　寿命分区

（1）不同预测模型。

引入全国各地自然环境条件,分别根据预测模型①和②预测标准试件A在保护层厚度为30 mm时的耐久年限,即寿命,结果见图3-2。

从标准试件在全国各个区域自然环境中暴露后的耐久年限预测结果的分布图3-2可以看出:1）两个预测模型反映出的环境对结构耐久性影响的规律相同,除青藏高原地区外,预测的耐久性寿命值基本依东北、西南、东南、华中、华北和西北的次序递减;2）模型①的预测结果地区分布差异较小,模型②各个地区的耐久性寿命预测值差异很大,即模型②中结构耐久性随环境变化更为显著;3）模型①对标准试件的耐久性寿命预测值整体上较模型②为小,即模型①中环境对结构耐久性的影响程度更高;4）同样划分为七等分的等值分布图,两个模型的预测结果区域分布存在差异。

（2）不同标准试件。

引入各地自然环境,按照预测模型①分别预测标准试件A和B在保护层厚度为30 mm时的耐久年限,即寿命,结果见图3-3。

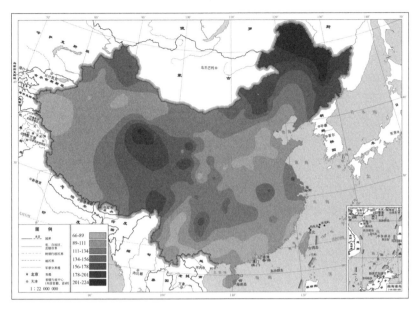

（a）　模型①结果分布

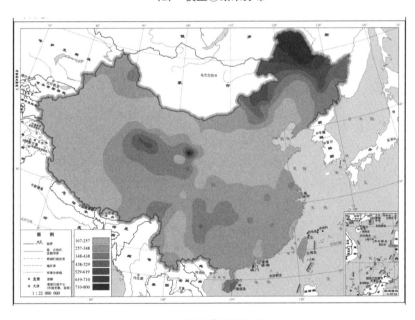

（b）　模型②结果分布

图3-2　不同的预测模型得到的标准试件A的耐久年限预测值分布（年）

从不同标准试件在全国各个区域自然环境中暴露后的耐久年限预测结果的分布图3-3
可以看出,在同样划分为七等分的等值分布图中,两个试件的预测结果区域分布相同,说明
在采用相对指标(如将预测结果值等分),而不是固定边界值(即对于不同参照条件下的预测
结果使用相同的界限值,如常见的30、50和100年)分区时标准试件的选取不影响分区结果,
当所选预测模型相同时,环境对结构耐久性影响程度在区域分布上的相对强弱是一致的。

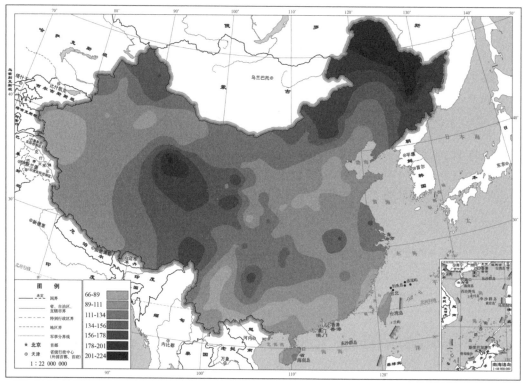

（a）　试件A

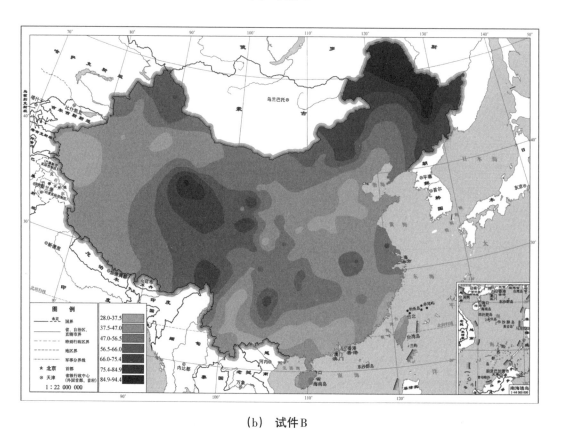

（b）　试件B

图3-3　由预测模型①得到的不同标准试件的耐久年限预测值分布（年）

3.3.1.2.2　侵蚀深度分区

（1）不同预测模型。

引入各地自然环境，分别根据预测模型①和②预测标准试件 A 暴露50年后的碳化侵蚀深度，即保证50年使用寿命所需的保护层厚度，结果见图3-4。

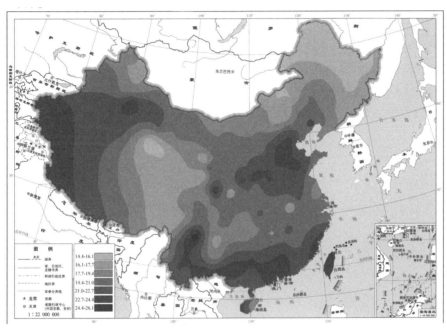

（a）　模型①

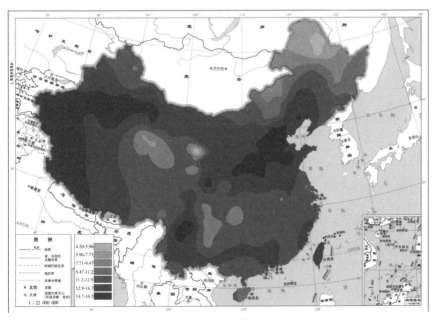

（b）　模型②

图3-4　不同预测模型预测保护层厚度最小值分布（mm）

　　从标准试件在全国各个区域自然环境中暴露50年后的碳化侵蚀深度(即保证规定条件下结构耐久性所需的保护层厚度)预测结果的分布图3-4可以看出:1) 两个预测模型反映的环境对结构耐久性影响的规律相同,且与3.3.1.2中相应的耐久性年限预测结果呈现的规律一致;2) 模型①的预测结果整体分布较为均匀,模型②的预测结果则表现为环境作用效应越强(所需保护层越大)的地区分布较广,而环境作用效应较弱的地区分布区域则很小;3) 模型①对标准试件在各地区暴露50年所需保护层厚度的预测值整体上较大于模型②,即模型①中对结构的耐久性要求更高;4) 在同样划分为七等分的等值分布图中,两个模型的预测结果区域分布存在差异,且与3.3.1.2.1中各自对应的寿命预测值分布图存在差异,主要表现在环境作用程度较轻的地区。这主要是由于保护层厚度对耐久年限的影响很大,特别是对于碳化侵蚀作用较轻的地区,略微提高保护层厚度即能引起耐久寿命的显著增长。

　　(2) 不同标准试件。

　　引入各地自然环境,按照预测模型①分别预测标准试件A和B暴露50年后的碳化侵蚀深度,即保证50年使用寿命所需的保护层厚度,结果见3-5。

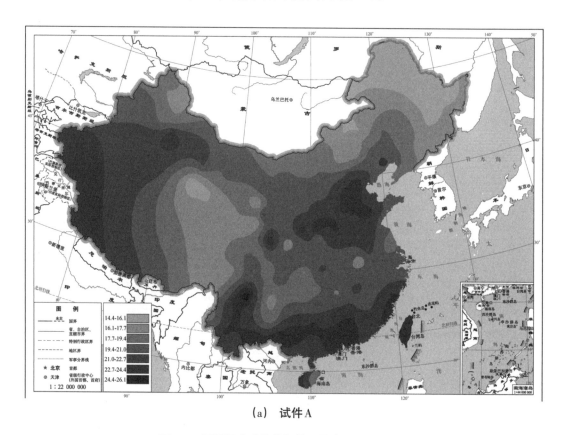

（a）　试件 A

图3-5　不同标准试件的保护层厚度预测值(mm)

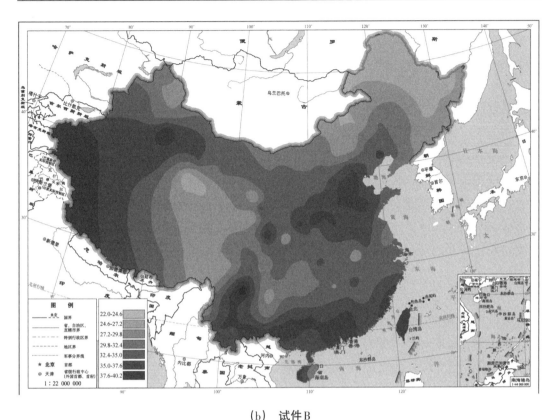

图 例

	22.0-24.6
	24.6-27.2
	27.2-29.8
	29.8-32.4
	32.4-35.0
	35.0-37.6
	37.6-40.2

1：22 000 000

（b） 试件 B

图 3-5(续) 不同标准试件的保护层厚度预测值(mm)

　　从不同标准试件在全国各个区域自然环境中暴露 50 年后的碳化侵蚀深度预测结果的分布图 3-5 可以看出：1）在同样划分为七等分的等值分布图中，两个试件的预测结果区域分布相同，与 3.3.1.2.1 对应；2）两个标准试件保护层厚度预测结果分布图与 3.3.1.2.1 中各自对应的寿命预测值分布图存在差异，主要表现在环境作用程度较轻的地区。

3.3.1.2.3 主导环境因素分区

　　以主导环境因素作为区域分异因素的混凝土结构耐久性区划方法见于文献[3-5]，通过分析最冷月平均气温与预测所得各地区标准试件耐久年限之间的相关关系，以最冷月平均气温为地区分异标志，进行混凝土结构耐久性冻融循环环境的区划，并给出了各区域的环境特征、环境作用程度和寿命特征的具体描述。

　　以主导环境因素作为区域分异指标，是一种很理想的状态。它可以不依赖于特定的标准试件、预测模型等主观因素，直接反映环境对结构的作用程度；再者，因为与预测模型量化结果有很好的相关性，每一地区的耐久性作用特征和程度可以通过耐久性预测量化结果得到很好地反映。但这种分区方法只适用于某一环境因素对结构耐久性劣化机理有决定性影响的环境情况，对于碳化环境，由于环境温度和环境相对湿度对结构碳化深度的综合影响规律较为复杂，这里暂不对这种分区方法进行讨论。

3.3.1.2.4 量化的总体环境指标分区

以量化的总体环境指标作为区域分异因素的混凝土结构耐久性区划方法见于文献[3-11],以等效室内冻融循环次数这个反映环境总体影响的量化指标为分异主导因素,进行全国冻融循环环境的耐久性影响程度区域等级划分,从而提出利用区划图进行耐久性设计的方法。

对于非干湿交替的露天环境下的混凝土碳化侵蚀,量化的总体环境指标则表现为环境作用系数(见第4章),即去除预测模型①和预测模型②中考虑结构材料与构造的部分,只考虑环境温度、相对湿度和二氧化碳浓度等环境作用的综合影响。总体环境指标不涉及具体的材料参数,只以不同环境因素对结构耐久性的影响规律为综合考虑对象。相比于主导环境因素分区方法而言,量化的总体环境指标不仅体现了环境本身,而且本质上已经量化了环境对结构耐久性的作用效应,可以直接作为环境系数,只要给出具体的结构材料参数,很容易便可以得到侵蚀深度与寿命等指标。相比于寿命和侵蚀深度分区方法而言,量化的总体环境指标是环境对结构耐久性影响总体规律的反映,不论是从数值上还是从区域分布上均不依赖于所选取的标准试件。

由于量化的总体环境指标在模型上仅与相应的预测模型①和②相差一个常数,其计算结果的等值分布图可参照3.3.1.2.2,这里不再详细列出。

3.3.1.3 分区方法的比较

以一般大气环境下的非干湿交替的露天环境为对象,考虑混凝土碳化侵蚀机理,通过比较不同预测模型和不同标准试件条件下以寿命和侵蚀深度为分区指标的方法,以及以主导环境因素和量化的总体环境指标为分区指标的方法,可以得到以下混凝土结构耐久性设计区划方法的几个关键结论。

(1)混凝土结构耐久性环境作用效应区划结果与预测模型的选取有关,不同预测模型的预测结果(寿命、侵蚀深度或量化的总体环境指标等)分布图存在差异。

(2)预测模型相同时,不同标准试件的预测结果分布图相同,即环境的相对作用程度相同。

(3)主导环境因素分区方法只适合于某一环境因素对混凝土结构耐久性劣化占主导作用的情况,而不是一种普适性的分区方法。

(4)量化的总体环境指标既表现了环境对结构耐久性作用效应和作用规律,又摒除了标准试件的影响,一定程度上只随相应环境因素的变化而变化。

(5)保护层厚度对耐久年限的影响很大,特别是对于混凝土碳化侵蚀作用较轻的地区,混凝土保护层厚度较小的增厚即能引起耐久寿命的大大增加;相对于寿命指标,侵蚀深度指标更为均匀和稳定,且能直接指导工程设计和实践。

(6)各地区的耐久寿命可在标准试件的基准上预测得到,假如更换了这个标准参照试件,那么寿命的分布必然发生改变——固定年限的边界值(如以常见的30、50和100年等作为分区边界)并不可取。而采用相对指标进行分区时,标准试件的选取将不会影响混凝土结构耐久性环境区划等级的最终结果。

3.3.2 基于环境区划的耐久性设计方法

基于环境区划的混凝土结构耐久性设计方法的研究,是上述耐久性环境区划的后续,也是混凝土结构耐久性设计区划研究的最终目的,即提出每个环境分区内满足规定条件的耐久性设计规定,以便指导工程实践。

3.3.2.1 基本原理

混凝土结构耐久性区划设计方法是采用与服役时间相关的多维函数空间的量化方法。其基本原理可以表述为,首先对环境空间和材料与构造空间进行分解,分别建立对应子空间中各影响因素的量化方法,然后根据环境空间子空间环境作用效应和相应材料与构造空间子空间材料抗力之间相互作用的关系,建立结构性能劣化模型,预测特定环境作用子空间对应的满足结构预期使用年限要求的对应材料与构造子空间,得到不同环境子空间和材料与构造子空间之间一系列的映射关系,最终形成混凝土结构耐久性设计标准。混凝土结构耐久性区划设计方法的基本原理见图3-6。

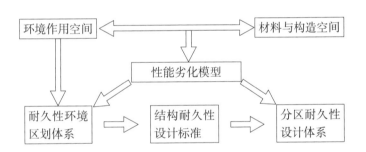

图3-6 混凝土结构耐久性设计区划的基本原理

根据图3-6。混凝土结构耐久性设计区划研究的基本原理与基本步骤如下。

(1)研究混凝土结构的服役环境空间,对环境空间Π进行分解,形成层次分明的可量化的研究环境子空间Π_{ij}。方法如下。

①分析影响混凝土结构耐久性侵蚀机理的环境因素,按照侵蚀机理的不同首先将结构的服役环境空间Π分为类别空间$\Pi_1,\Pi_2,\Pi_3,\cdots,\Pi_i,\cdots$。类别空间表征服役环境对结构耐久性劣化作用机理的差异,空间中包含的环境因素可以相同和相互交叉,它们共同组成服役环境空间Π,即$\Pi=\Pi_1\cup\Pi_2\cup\Pi_3\cup\cdots\cup\Pi_i\cup\cdots$。

②分别针对不同的环境类别空间,对该空间的环境作用条件种类进行划分,将环境类别空间划分为对应的环境类别子空间。在每个环境类别子空间中,环境对结构耐久性的

作用机理(对应于类别空间)、需考虑的环境条件与对应的环境影响因素均相同,环境类别子空间统一记为 Π_{ij},简称环境子空间。环境子空间为混凝土结构耐久性设计区划研究的基础单元。

(2) 分别研究不同环境类别空间中各个环境子空间的关系,确定每个环境类别空间的基准环境子空间,以 $\Pi_{ij}(i=j)$ 标记,并记为 Π_{ii}。基准环境子空间 Π_{ii} 的环境条件称为基准环境,该空间中包含的影响结构耐久性劣化的环境因素的对应参数记为 α_{ii1},α_{ii2},α_{ii3},$\cdots$,α_{iik},$\cdots$。基准环境是环境类别空间中普遍分布的、大家最为熟悉的、相关研究成果较多且易于与该环境类别空间中其他环境子空间建立相互关系的环境条件。

(3) 针对不同的环境类别空间,研究影响混凝土结构耐久性的材料与构造因素。确定该环境类别空间下实际工程中所用的混凝土原材料、强度等级、水泥用量、水胶比、混凝土保护层厚度等材料与构造参数数值的涵盖范围,建立与环境类别空间 Π_i 对应的结构材料与构造因素空间 Ω_i,该空间包含的影响结构抵抗耐久性劣化能力的材料与构造因素的对应参数记为 β_{i1},β_{i2},β_{i3},$\cdots$,β_{im},$\cdots$。

(4) 从建立的结构材料与构造因素空间 Ω_i 中选取在实际工程和耐久性试验研究中最具有代表性的材料与构造参数取值(记为 $\beta_{i1,0}$,$\beta_{i2,0}$,$\beta_{i3,0}$,$\cdots$,$\beta_{im,0}$,$\cdots$),作为结构标准内部条件,称按照该组数据配制的混凝土试件为标准试件。将标准试件作为一个统一的标准,虚拟投掷于不同的环境空间从而接受环境的作用,用于量化环境因素的综合作用效应。

(5) 建立环境类别空间 Π_i 的结构耐久性环境区划方法体系。方法如下。

①根据 Π_{ii} 空间中环境参数的取值范围和工程中 Ω_i 空间中材料与构造参数的取值范围,设计室内加速试验,研究环境因素和材料因素对混凝土结构耐久性劣化的作用规律和影响规律。结合相关的国内外室内加速试验和现场试验研究成果,对所得到的室内加速试验结果进行修正和校核,并最终建立环境对结构劣化的作用规律、材料对结构劣化的影响规律和结构性能劣化预测模型,分别如式(3-1)、式(3-2)和式(3-3)所示。

$$y_{ii,E}=f_{ii,E}(\alpha_{ii1},\alpha_{ii2},\alpha_{ii3},\cdots) \text{ 或 } y_{ii,Ek}=f_{ii,Ek}(\alpha_{iik}) \tag{3-1}$$

$$y_{i,M}=f_{i,M}(\beta_{i1},\beta_{i2},\beta_{i3},\cdots) \text{ 或 } y_{i,Mm}=f_{i,Mm}(\beta_{ik}) \tag{3-2}$$

$$y_{ii,D}=f_{ii,D}(\alpha_{ii1},\alpha_{ii2},\alpha_{ii3},\cdots,\beta_{i1},\beta_{i2},\beta_{i3},\cdots,t) \tag{3-3}$$

式中,$y_{ii,E}$ 为环境对结构耐久性的总体作用系数,$y_{ii,Ek}$ 为第 k 个环境参数对结构耐久性的作用系数,$f_{ii,E}(\cdot)$ 为环境空间 Π_{ii} 中包含的环境参数对结构耐久性的总体作用规律,$f_{ii,Ek}(\cdot)$ 为环境空间 Π_{ii} 中第 k 个环境参数对结构耐久性的作用规律;$y_{i,M}$ 为材料与构造参数对结构耐久性的综合影响系数,$y_{i,Mm}$ 为第 m 个材料与构造参数对结构耐久性的影响系数,$f_{i,M}(\cdot)$ 为材料与构造空间 Ω_i 中包含的参数与结构耐久性的关系,$f_{i,Mm}(\cdot)$ 为材料与构造空间 Ω_i 中第 m 个参数与结构耐久性的关系;$y_{ii,D}$ 为表征环境对结构耐久性作用效应的指标,$f_{ii,D}(\cdot)$ 为环境与材料对结构耐久性影响的时变关系,t 为结构在环境中的暴露时间。

②界定环境类别空间 Π_i 对应侵蚀机理作用下混凝土结构耐久性极限状态与可靠度指

标,根据式(3-2)预测标准试件在对应基准环境子空间中的耐久年限 t_i 的空间分布和暴露设定年限 t_D(如50年)后的环境作用效应指标值的分布 $y'_{ii,D}$。

③分析环境参数 α_{iik}、环境作用系数 $y_{ii,E}$(或 $y_{ii,EK}$)、耐久年限 t_i 与环境作用效应指标 $y'_{ii,D}$ 在空间分布上的相关关系,确定与环境对结构耐久性作用效应相关性最大的主导环境影响因素或环境作用系数,基于环境作用效应指标对基准环境子空间 Π_{ii} 进行环境区划,确定区划等级和分区环境特征、环境作用特征与指标分布特征。

④定量或定性地分析环境类别空间 Π_i 中其他环境子空间 $\Pi_{ij}(i\neq j)$ 相对于基准环境子空间 Π_{ii} 的环境作用效应之间的关系,提出其他环境子空间环境区划等级相对于对应基准环境子空间区划等级的等效调整方法,形成环境类别空间 Π_i 的环境区划体系。

(6) 建立对应于基准环境子空间 Π_{ii} 的分区耐久性设计方法体系。方法如下。

①根据标准试件在基准环境子空间 Π_{ii} 的环境作用效应指标 $y'_{ii,D}$(可以是多个作用效应指标)的预测结果,提炼出设定年限 t_D 时与环境区划体系相对应的针对标准试件材料组成的结构构造措施规定值或建议值。

②以标准试件的材料组成 $(\beta_{i1,0},\beta_{i2,0},\beta_{i3,0},\cdots,\beta_{im,0},\cdots)$ 为参照条件,提出与结构材料与构造因素空间 Ω_i 不同材料组合 $(\beta_{i1},\beta_{i2},\beta_{i3},\cdots,\beta_{im},\cdots)$ 对应的结构构造措施修正系数 $(\{\zeta_{i1}\}$、$\{\zeta_{i2}\},\{\zeta_{i3}\},\cdots,\{\zeta_{im}\},\cdots)$,完成材料与构造因素空间 Ω_i 对应于基准环境空间环境区划体系的分区耐久性设计方法体系。

(7) 基于设定时间,建立针对结构不同服役时间(或设计使用年限)的结构构造措施修正方法,完成与时间相关的多维函数空间的分区设计方法。

(8) 综合(5)(6)和(7)中环境类别空间 Π_i 的环境区划体系、材料与构造因素空间 Ω_i 的分区耐久性设计方法体系和针对不同时间修正方法,形成环境空间、材料与构造空间和时间空间的映射关系,最终建立混凝土结构耐久性设计区划的理论与完整实施方法。

混凝土结构耐久性区划设计方法建立的基本步骤中可以根据环境作用的空间特征,对于基准环境选取和耐久性侵蚀机理对结构的作用做相应的调整。例如,对于一般大气环境,可以遵循先"区域"后"局部"的研究方法;而对于海洋氯化物环境,由于局部环境空间的复杂性和环境作用特征的独特性,则宜先对某一具体海域做体系性的研究,再推广至其他环境。具体的操作方法将在后续章节中体现。

3.3.2.2 基本研究方法

混凝土结构耐久性设计的实施方法,拟从以下四种方法的合理性进行探讨,并最终确定本书耐久性设计区划的基本研究方法。下文中"现行设计规范"均指《混凝土结构耐久性设计规范》(GB/T 50476—2008)[3-6],后面不再具体说明。

(1) 沿用现行设计规范的规定。

现行设计规范中,先以"环境类别"对结构所处的环境按照环境对混凝土材料的腐蚀机理进行分类,再以"环境作用等级"逐一对各个环境类别进行环境作用等级的划分,然后分别对各个环境类别的环境作用等级做出混凝土材料和钢筋的耐久性规定,如混凝土强度等级、最大水胶比和钢筋的最小保护层厚度等。

若沿用现行设计规范的规定,则需要将本书的环境区划等级按照环境类别逐一与现行设计规范中的环境作用等级建立对应关系。由于现行设计规范中的环境作用等级均为定性的分类和分级,对应关系无疑要从最终的耐久性设计规定入手,即将规范中的各个环境作用等级的耐久性设计规定作为标准试件条件,逐一验证标准试件在自然环境下的耐久年限。若试件在暴露环境中能满足规定耐久性年限,则将此暴露环境的区划等级与该标准试件所对应的环境作用等级视为等同。

因此,可视为现行设计规范中原耐久性规定保持不变,而调整本书的环境区划等级与之相对应。

(2)修正现行设计规范的规定。

修正现行设计规范的做法与"沿用现行设计规范的规定"是一对共轭的做法。修正现行规范,即按照本书环境区划等级的划分,验证现行设计规范中的相同环境类别与各个环境作用等级的耐久性设计规定是否满足对应的环境区划等级的实际环境条件,若不满足,则需要按照计算结果进行修正和调整。

因此,可考虑为本书的环境区划等级不变,而调整现行设计规范中相应的耐久性规定,以满足区域内环境作用效应下的结构耐久性要求。

(3)独立的耐久性设计规定体系。

独立的混凝土结构耐久性设计规定体系,即不再寻求本书环境区划等级与现行设计规范中环境作用等级之间的对应关系,而是提出满足各个环境区划等级对应环境作用效应的混凝土结构耐久性设计规定,并建立基于区划的混凝土结构耐久性设计标准。

因此,建立全新的混凝土结构耐久性设计规定体系,即混凝土结构耐久性环境区划等级与满足各个区划等级混凝土结构耐久性要求的设计规定。

(4)独立的耐久性设计方法体系。

独立的耐久性设计方法体系,与上述独立的耐久性设计规定体系是相辅相成的,两者均为以混凝土结构耐久性环境区划为基础,基于可靠度的混凝土结构耐久性设计方法。不同于独立的耐久性设计规定体系,设计方法体系不直接给出分区的耐久性设计规定,而是给出一系列分项系数和修正系数,从而建立一种基于可靠度的耐久性设计方法。

因此,建立混凝土结构耐久性的确定性设计方法体系和流程,与基于可靠度耐久性设计方法相等效,可以为一般的工程技术人员所使用,从而进行混凝土结构耐久性的定量设计。

从上述(1)~(4)的分析中可以看出,无论是与现行设计规范进行衔接(1)和(2),还是建立独立的混凝土结构耐久性设计体系(3)和(4),都与预测模型这个量化服役环境对结构耐久性作用效应的手段密切相关。以上四种方法的本质是相同的,都需要根据预测模型的量化结果,建立与环境区划等级所对应的耐久性设计规定,然后在此基础上,或建立全新的设计标准,或与现行设计规范衔接对应、调整靠拢。

由于混凝土结构耐久性区划设计方法是基于可靠度理论,采用不同环境类别的耐久性侵蚀机理下的预测模型进行分析和定量计算提出的方法体系。因此,本书从建立独立的混凝土结构耐久性设计规定与设计方法出发,提出基于环境区划的混凝土结构耐久性设计体系,给出包含耐久性区划图、环境系数、等级调整系数、材料修正系数和分区耐久性设计规定的耐久性设计规定体系,以及与基于可靠度的耐久性设计方法相等效的确定性耐久性设计方法体系。

3.3.3　耐久性环境区划的研究框架

引起混凝土结构耐久性失效的原因存在于结构的设计、施工及维护的各个环节。

首先,虽然在许多国家的规范中都明确规定钢筋混凝土结构必须具备安全性、适用性与耐久性,但是这一宗旨并没有充分体现在具体的设计条文中,使得以往乃至现在的结构设计都普遍重强度设计而轻耐久性设计。以我国1989年颁布的设计规范为例,其中除了一些保证混凝土结构耐久性构造措施外,只是在正常使用极限状态验算中控制了一些与耐久性设计有关的参数,如混凝土结构的裂缝宽度等,但这些参数的控制对结构耐久性设计不起决定性的作用,并且这些参数也会随时间而变化;而现行规范[3-6]中的耐久性设计规定分类等级相对烦冗,而且缺乏可靠度分析的基础,因此与以近似概率为基础的规范设计方法并不协调。

其次,不合格的施工也会影响结构的耐久性,常见的施工问题如混凝土质量不合格、钢筋保护层厚度不足都可能导致钢筋提前锈蚀。

再者,在结构的使用过程中,没有进行合理维护而造成的结构耐久性降低也是不容忽视的,如对结构的碰撞、磨损以及使用环境的劣化等,都会使结构无法达到预定的使用年限。

由上可见,无论从混凝土结构的耐久性基本原理,还是我国混凝土结构的耐久性现状出发,混凝土结构的设计、施工、维护各环节都需要一个耐久性的环境区划标准,通过区分我国不同地区气候与地理条件的差异,明确各区域的耐久性基本要求,提供合适的环境参数和技术措施,减轻环境对结构的不利影响,在总体上保证混凝土结构的安全性、耐久性和经济性,从而满足我国环境保护和可持续发展的要求。这个环境区划标准,作为耐久性设计、施工与维护的第一步,是在有机结合环境、材料、构件和结构等四个层次的研究成果的基础上,借鉴已有的结构设计原则,考虑结构形式、功能、重要程度以及经济因素等,依据结构全寿命周期成本原理确立的。

3.3.3.1　技术规定

就3.2中混凝土结构耐久性设计区划应考虑的因素详细讨论,给出区划设计方法的技

术规定,后面有涉及这方面的内容不再明确说明。总体规定包括:

（1）研究的环境类别空间包括一般大气环境、海洋氯化物环境、冻融循环环境。

（2）不同耐久性侵蚀机理的研究平行进行,不考虑多种机理的联合作用。

（3）当构件受到多种环境共同作用时,耐久性设计中应分别满足每种环境单独作用下的耐久性要求,即按较为严酷的环境进行设计。

（4）研究对象为普通钢筋混凝土结构。

（5）研究中结构和构件的基准年限统一考虑为50年。

（6）标准试件的选取应符合工程实践与耐久性的一般要求。

（7）基准环境的选取应是该环境类别中的一般性环境条件,而且应是关注较多、研究内容较为丰富的环境条件。

3.3.3.2　设计原则

（1）总体原则。

①同时考虑区域环境与局部环境的环境作用,即考虑环境对混凝土结构耐久性作用效应在空间不均匀分布的特点。

②根据服役环境对结构耐久性影响程度的区域特征和相关程度,划分混凝土结构耐久性的环境区域和区域作用等级,即完成环境区划,作为混凝土结构耐久性区划设计方法的基本参照。

③采用基于可靠度的概率分析方法,考虑参数的不确定性影响。

④吸收相关混凝土耐久性研究中与环境相关的预测方面的成果,如环境因素对混凝土结构耐久性的影响规律、性能劣化模型、耐久性参数选取与分析、室内环境模拟试验与实际环境中混凝土结构的环境行为之间的相关性等。

（2）环境区划原则。

①区域等级的确定需要依据环境对混凝土结构耐久性作用效应的量化结果,分区指标应尽量选用相对指标或不涉及结构材料因素的环境量化指标,以便客观反映不同区域环境对混凝土结构耐久性的作用效应和程度。

②采用作用效应等分原则划分环境区域等级,等分尺度应保证区划的有效性和实用性,避免出现过大或过小的区域等级。

③明确各区域等级的环境特征、环境侵蚀特征和耐久年限分布特征的相似性,不同的环境类别对混凝土结构耐久性的侵蚀作用机理存在差别,应针对不同的环境作用机理分别选取适宜的分区指标。

④根据区域完整性原则和环境作用效应相同原则编制不同环境类别下的混凝土结构耐久性环境作用效应区划图。

（3）区划设计方法及其标准建立原则。

①以混凝土结构耐久性环境区划为依据,结合各区域等级的环境特征、环境侵蚀特征

和耐久年限分布特征,综合确定各区带内的混凝土结构耐久性设计规定,分别根据各个环境区域条件提供设计规定。

②不论是独立的设计规定体系还是设计方法体系,均应明确不同环境侵蚀机理对应的耐久性极限状态这个设计依据。

③充分吸收和消化相关规范的规定与研究成果,对于规定范围以外的结构,需结合规范的规定,综合考虑实际计算结果和专家经验等再做决定。

④应能指导一般性的工程实践,适用于不同层次的工程实践人员,简便、有效且易于推广。

3.3.3.3 研究框架体系

基于混凝土结构耐久性设计区划的研究内容与基本方法,并结合耐久性设计区划要考虑问题的几个方面,混凝土结构耐久性设计的环境区划方法的研究框架体系如图3-7所示,包括基础层、过渡层、中间层、综合层、目标层和展示层六个层次的内容。

依据研究框架体系,混凝土结构耐久性设计区划研究的主要内容包括以下几个部分。

(1) 研究影响混凝土结构耐久性的环境因素的作用效应。

分析环境气候条件,结合对混凝土结构耐久性失效情况的调查,确定混凝土结构耐久性劣化的主要机理及其环境影响因素;明确混凝土结构耐久性服役环境的空间特征,并对其进行定义;确定不同环境侵蚀类型下的区域环境划分对象,以作为混凝土结构耐久性设计区划研究的基准环境。

(2) 研究结构抵抗环境作用效应的能力。

针对不同的劣化作用机理,分别讨论影响该机理作用下混凝土结构耐久性劣化的材料和构造因素,确定耐久性侵蚀或性能退化预测模型与耐久性区划设计中涉及的主要指标;定义不同环境类别对应耐久性侵蚀机理下环境对结构耐久性作用程度的参照基准——结构内部标准条件,即标准试件。

(3) 建立不同环境侵蚀机理下的结构侵蚀或性能退化预测模型。

研究不同环境对结构材料腐蚀的作用机理和影响规律、结构材料耐久性参数随环境不同的变化规律,分别建立环境因素量化模型、环境对结构影响规律的量化模型和材料耐久性参数随环境变化的量化模型或其取值方法,结合环境模拟试验与实际环境中混凝土结构的耐久性行为之间的相关研究,针对不同的耐久性劣化机理,根据国内外相关研究成果,建立适用于耐久性设计区划研究的结构耐久性侵蚀或性能退化预测模型。

(4) 确定基于可靠度的概率预测方法。

确定需要考虑的环境或结构材料参数的特征值和概率分布特征;分别讨论不同侵蚀机理下的耐久性极限状态与目标可靠指标,采用设计使用寿命模式,确定结构耐久性寿命预测的概率方法或相应的侵蚀深度预测方法。

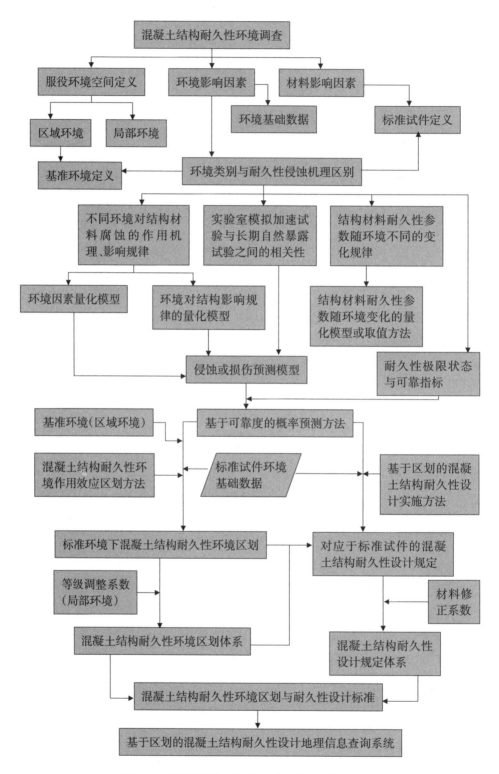

图3-7 混凝土结构耐久性设计区划研究框架体系

（5）混凝土结构耐久性环境作用效应区划。

针对不同的环境类型，讨论相应侵蚀机理下不同区划方法与分区指标的合理性；针对基准环境，引入各地实际环境条件，基于标准试件，进行混凝土耐久性预测和区域划分指标的计算，根据损伤梯度等分原则确定区域划分边界值，建立不同侵蚀作用下基准环境的混凝土结构耐久性环境区域划分，并建立相对于基准环境的其他环境作用条件的等级调整方法，完成混凝土结构耐久性的环境作用效应区划。

（6）基于区划的混凝土结构耐久性设计体系。

基于建立的混凝土结构耐久性环境区划体系，给出各个分区满足耐久性规定要求的对应于标准试件的混凝土结构耐久性设计规定；引入材料修正系数，进一步考虑不同材料的影响，建立混凝土结构耐久性设计规定体系；建立与基于可靠度的耐久性设计方法相等效的确定性耐久性设计方法体系，以满足有较高设计要求的工程设计人员的需求。

（7）混凝土结构耐久性环境区划与耐久性设计标准。

整理不同环境类别下的混凝土结构耐久性环境区划体系与对应的设计规定体系以及设计方法体系，编制基于环境作用效应区划的混凝土结构耐久性设计标准。这个标准包含了基准环境下的环境区划图、等级调整系数、针对标准试件的分区耐久性设计规定、材料修正系数等相关规定，以及独立的耐久性设计方法。

（8）耐久性设计区划地理信息查询系统。

将矢量地图数据导入地理信息系统，利用地理信息系统对空间数据和属性数据的强大存储和分析功能，导入各地区的基础环境数据和相关预测数据，经过分析得到相关分布图；基于 Visual Studio C#开发混凝土结构耐久性设计区划地理信息查询系统，将区域自然因素、耐久性劣化程度和耐久性设计规定"三位一体"，直观展示与混凝土结构耐久性及耐久性设计相关的地域化特征，增强研究的实用性。

参考文献

[3-1] 曹楚南. 中国材料的自然环境腐蚀. 北京：化学工业出版社，2005.

[3-2] Jin W L，Lv Q F. Study on durability zonation standard of concrete structural design//Durability of Reinfored Concrete on the Combined Mechanical Climatic Loads. Qingdao，China，2005：35-42.

[3-3] Jin W L，Lv Q F. Durability zonation standard of concrete structure design. Journal of Southeast University（English Editon），2007，23（1）：98-104.

[3-4] 吕清芳. 混凝土结构耐久性环境区划标准的基础研究. 杭州：浙江大学，2007.

[3-5] 金伟良，卫军，袁迎曙，等. 氯盐环境下混凝土结构耐久性理论与设计方法. 北京：科学出版社，2011.

[3-6] 中华人民共和国住房和城乡建设部. 混凝土结构耐久性设计规范：GB/T 50476—2008. 北京：中国建筑工业出版社，3-2008.

[3-7] 武海荣. 混凝土结构耐久性环境区划与耐久性设计方法. 杭州：浙江大学，2012.

[3-8] 武海荣，金伟良，吕清芳，等. 基于可靠度的混凝土结构耐久性环境区划. 浙江大学学报（工学

版),2012,46(3):416-423.

[3-9] 宋峰. 基于混凝土结构耐久性能的环境区划研究. 杭州:浙江大学,2010.

[3-10] Huang Q H,Xu N,Gu X L,et al. Environmental zonation for durability assessment and design of reinforced concrete structures in China // Proceedings of the first International Conference on Microstructure Related Durability of Cementitious Conposites. Nanjing:[s.n.],2008:735-743.

[3-11] 武海荣,金伟良,延永东,等. 混凝土冻融循环环境区划与抗冻性寿命预测. 浙江大学学报(工学版),2012,46(4):650-657.

[3-12] 牛荻涛. 混凝土结构耐久性与寿命预测. 北京:科学出版社,2003.

4 混凝土结构的服役环境

混凝土结构耐久性设计首先要考虑的因素就是环境因素,自然环境本身的区域差异和结构个性(结构重要性、结构类型、结构形式、构件位置和朝向等)导致的局部环境差异使区划设计对环境因素的考虑变得更为复杂。结构服役环境的区域差异和结构局部环境的差异构成了混凝土结构服役环境的环境作用空间,如何对环境空间进行合理的分解,服务于混凝土结构的耐久性设计,是混凝土结构耐久性设计区划研究的前提。

不同混凝土结构的原材料、强度等级、水泥用量、水胶比、结构形状、混凝土保护层厚度、裂缝宽度、表层混凝土质量、含气量、混凝土渗透性、防腐附加措施等均对混凝土结构的耐久性有直接影响。混凝土结构耐久性设计需要对这些影响因素及其参数分别进行考虑。多种多样的材料影响因素及其参数的变化构成了结构的材料与构造空间。结构的材料与构造空间和结构服役环境的环境作用空间两者之间互为作用、相互映射,组成与服役时间相关联的多维函数空间。

4.1 环境分类与劣化机理

4.1.1 环境分类

工程结构的服役环境从总体上可分为两类:自然环境和人为环境。自然环境通常包括一般大气环境、海洋氯化物环境、冻融循环环境和其他化学腐蚀环境,相对应的会发生混凝土碳化、氯离子侵蚀、冻融损伤和硫酸盐侵蚀等混凝土耐久性劣化机理。而人为环境,通俗地说,是指人类活动使自然环境要素发生变化的环境。由于人类频繁进行经济活动,大量燃烧矿物燃料和植被,使大气层中二氧化碳浓度急剧增加,致使全球范围内产生温室效应,导致气温增高,水灾、旱灾频繁发生,雪线后退,海平面上升,等;工业"三废"的排放,导致局部环境改变,水体变臭,生物死亡,等;乱砍滥伐、开垦荒地、过度放牧等,都能导致区域环境发生异常变化。对于人为环境,目前国家环境法规还没有给出明确的界定。而具体到混凝土结构的耐久性问题,这里所说的人为环境主要包括除冰盐环境、酸雨环境、工业环境三大类。

环境对混凝土结构材料的作用因素,主要来自两个方面:环境气候条件与环境侵蚀介质。本书主要关注自然环境中的一般大气环境、海洋氯化物环境和冻融循环环境三大类。对于其他环境,如除冰盐环境、酸雨环境等,由于研究相对较少,在对环境因素和环境对结构作用效应的量化上尚无法确定适用的模型和方法,本书对这些环境暂不做针对性的分析,但关于混凝土结构耐久性设计的环境区划的研究方法是通用的。

4.1.1.1　一般大气环境

材料及其制品因大气环境中环境因素的作用而引起材料变质或失效的行为称为大气腐蚀[4-1]。

一般大气环境是指仅有正常的大气(二氧化碳、氧气等)和温湿度(水分)作用,不存在冻融、氯化物和其他化学腐蚀物质影响的环境[4-2]。混凝土中钢筋锈蚀是造成混凝土结构耐久性劣化的最重要因素。在一般大气环境下,混凝土结构的腐蚀主要是由碳化引起的钢筋锈蚀,一般常见于工业与民用建筑。相对于海洋氯化物环境与冻融循环环境对混凝土结构耐久性的侵蚀程度,碳化对混凝土结构耐久性的作用效应则相对较弱。

一般可按照结构或构件所处的具体环境,从室内、室外、干燥、湿润、永久浸没、干湿交替等几个方面,对一般大气环境进行环境条件的划分[4-2]。

4.1.1.2　海洋氯化物环境

我国大陆海岸线长达1.8万公里,岛屿的岸线长1.4万公里,有近300万平方公里的管辖海域[4-1]。大量的港口码头、跨海大桥以及海上平台的建设正蓬勃发展,大范围使用了钢筋混凝土结构和材料。

海水中的含盐量是一个标度。人们用盐度来表示海水中盐类物质的质量分数。海水盐度是指海水中全部溶解固体与海水重量之比,通常以每千克海水中所含的克数表示。海洋中发生的许多现象和过程,常与盐度的分布和变化有关。各地海水的成分基本相同,含量最多的是氯化物,几乎占总盐分的90%,世界各大洋的平均盐度约为3.5%[4-3]。各地海水表层的盐度存在着差别,同一地区的盐度也会随季节的变化而有所差异。表4-1给出了中国各海域的海水盐度值分布[4-4]。我国各海域的外海海水盐度在冬季基本接近世界大洋的平均盐度,略偏低;而沿岸的海水盐度值略偏低,且夏季的比冬季的低,东海最为突出,这主要是受我国季风气候的影响。

海洋环境中的氯离子可以从混凝土表面迁移到混凝土内部,当钢筋表面的氯离子积累到一定浓度(临界浓度)后,就可能引发钢筋锈蚀。氯离子引起的钢筋锈蚀程度要比一般大气环境下单纯由碳化引起的锈蚀更为严重,这在结构设计中要更加重视。本书将海洋环境分为海洋竖向环境和近海大气环境两大类。

表4-1　海水的盐度

海域		盐度/%	
		冬季	夏季
渤海	外海	3.4	2.5～3.0
	沿岸	2.6	

海域		盐度/%	
		冬季	夏季
东海	远岸	3.3～3.4	<0.5
	长江口	<2.0	
黄海	北部	3.1～3.2	3.0～3.2
	南部	3.15～3.25	
南海	远岸	3.3～3.4	3.0～3.3
	沿岸	3.0～3.2	

（1）海洋竖向环境。

海洋竖向环境,包括水下区、水位变动区(潮汐区和浪溅区)及海上大气区。水下区的氯离子源主要来自海水;潮汐区和浪溅区的氯离子源只来自于波浪或喷沫,其随着波浪而发生周期性变化;海洋大气区的氯离子源主要是海洋上空大气中的盐雾,海水的含盐浓度越高,则盐雾中的盐分也越高。

《海港工程混凝土结构防腐蚀技术规范》(JTJ 275—2000)和《水工混凝土结构设计规范》(SL 191—2008)均对海水环境混凝土部位划分做了规定,分别如表4-2和表4-3所示。

表4-2　海水环境混凝土部位划分(JTJ 275—2000)

掩护条件	划分类别	大气区	浪溅区	水位变动区	水下区
有掩护条件	按港工设计水位	设计高水位加1.5 m	大气区下界至设计高水位减1.0 m之间	浪溅区下界至设计低水位减1.0 m之间	水位变动区以下
	按港工设计水位	设计高水位加(η_0+1.0) m	大气区下界至设计高水位减η_0之间	浪溅区下界至设计低水位减1.0 m之间	水位变动区以下
无掩护条件	按天文潮位	最高天文潮位加0.7倍百年一遇有效波高 $H_{1/3}$ 以上	大气区下界至天文潮位减百年一遇有效波高 $H_{1/3}$ 之间	浪溅区下界至最低天文潮位减0.2倍百年一遇有效波高 $H_{1/3}$ 之间	水位变动区以下

注:①η_0值为设计高水位时的重现期50年$H_{1\%}$(波列累积频率为1%的波高)波峰面高度;②当浪溅区上界计算值低于码头面高程时,应取码头面高程为浪溅区上界;③当无掩护条件的海港工程混凝土结构无法按港工有关规范计算设计水位时,可按天文潮位确定混凝土的部分。

表4-3　海水环境混凝土部位划分(SL 191—2008)

大气区	浪溅区	水位变动区	水下区
设计高水位加1.5 m	大气区下界至设计高水位减1.0 m之间	浪溅区下界至设计低水位减1.0 m之间	水位变动区以下

（2）近海大气环境。

近海大气环境统指受海洋氯离子环境影响的滨海大气区。影响近海大气中盐雾含量的因素是多方面的,除了海水的盐度以外,主要受气候条件(风向、风速、湿度等)和自然环境(海岸线地貌、离海岸距离等)两个方面因素的影响,而这两方面的诸多因素中,离海岸距离最为主要,而且与风速的大小有着很大的关系[4-5,4-6]。

对于近海大气环境的作用分区尚未有定论[4-2,4-7~4-10],但分区指标的选取相对一致,均以离海岸距离为主导因素。

4.1.1.3　冻融循环环境

当温度在0℃以上时,结构体表面的冰霜融化成水滴,水分将沿着结构表面的孔隙或毛细孔通路向结构内部渗透;当温度降低为0℃以下时,其中的水分就会结成冰,产生体积膨胀,当膨胀应力大于混凝土的抗拉强度时,结构会出现裂缝。结构构件表面和内部所含水分的冻结和融化的交替出现,称为冻融循环。它的反复出现,造成建筑物的构造发生严重破坏。对于钢筋混凝土结构,冻融循环直接作用于混凝土,造成内部损伤并导致混凝土开裂甚至剥落,继而影响钢筋使其更易锈蚀。

冻融循环对混凝土结构的损伤分为两类[4-11,4-12]:第一类是内部损伤,由于混凝土内部孔隙水结冰后体积膨胀造成开裂甚至剥落。这多见于混凝土路桥、机场跑道、热电站冷却塔、给水和水处理结构、码头、严寒地区的建筑物阳台、公路路肩石等。第二类是表层损伤,由于混凝土表层持续受盐溶液浸渍和冻融共同作用,导致局部薄弱处发生剥落。常发生于撒除冰盐的路面、海港及海边结构、含大量盐类的地下水环境的结构等。在我国北方地区,造成混凝土结构过早破坏的主要原因也是冻融和盐冻,冻融破坏是我国东北、西北和华北等严寒和寒冷地区水工和港工混凝土建筑物的主要耐久性病害之一。因而,在研究工作中主要考虑第一类冻融,不考虑盐冻。

不同冻融循环环境的冻融循环次数、冰冻降温速率、冰冻时长、最低冰冻温度[4-13]和混凝土饱水时间比例系数等指标存在差异。对于冻融循环环境的分类,规范中以寒冷程度、混凝土饱水程度、是否为盐冻三个方面予以划分[4-2]。

4.1.2 耐久性劣化机理

混凝土结构耐久性劣化机理可以分为钢筋锈蚀和混凝土劣化两个方面:钢筋锈蚀主要产生于混凝土碳化、氯离子侵蚀和杂散电流引起的电化学锈蚀;混凝土劣化由物理和化学两方面原因引起:物理方面包括磨蚀、冻融循环和除冰盐引起的破坏,化学方面则包括硫酸盐侵蚀、溶蚀以及碱集料反应等。DuraCrete[4-14]就素混凝土和钢筋混凝土结构的劣化机理进行了基本分类,如图4-1所示,其中涂成深色的部分相对来说研究成果比较丰富,目前已经有半概率甚至全概率的模型。

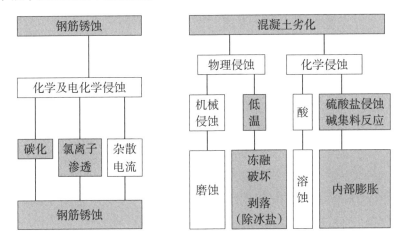

图4-1 混凝土结构耐久性劣化机理基本分类总览

4.2 环境腐蚀的等级划分

工程材料在不同自然环境中的腐蚀破坏程度,随所处的环境因素的不同而有所差别。国内外[4-15]对工程材料在自然环境中的腐蚀研究,主要通过建立自然环境试验场、站,进行材料以及其制品的暴露试验,积累相关数据,建立数据库,对材料的自然环境腐蚀规律进行研究,对环境的腐蚀性进行分类分级和评价。

传统的大气腐蚀性分类方法是根据环境状况而分类的。一种方法是根据金属标准试件的腐蚀速率进行分级,即将钢、锌、铜、铝等标准试片在某自然环境暴露一年后,由失重值确定大气腐蚀的分级。另一种方法是根据大气环境中SO_2浓度、Cl^-沉降量和试件的湿润时间,形成一个推测性的腐蚀分级。

影响工程材料在海洋环境中腐蚀的因素很多,其中包括化学的(氧、盐、碳酸盐、有机化合物、污染物等)、物理的(温度、流速、压力等)和生物的因素,要建立海水腐蚀模型十分困难,对于海水腐蚀性的评价方法研究却相对较少。评价土壤腐蚀性最基本的方法是测量典型金属在土壤中的腐蚀失重和最大点蚀深度。这种方法能直接、客观和比较准确地反映土壤的腐蚀性,同时还可以作为评价其他方法是否正确的依据。

国内外对大气腐蚀环境、海水腐蚀环境和土壤腐蚀环境腐蚀性的研究基本以金属(如钢、锌、铜、铝等)为研究对象,将金属标准试件置于自然环境中暴露,通过一段时间(如1年)后的指标(如失重值、侵蚀深度等)测定来对自然环境的腐蚀性进行分级和评定。上面已经提到,鉴于自然暴露试验的周期较长和操作可行性较差,已经有研究者希望建立快速评定方法,例如直接通过一些理化性质作为评价指标进行评定。

受自然环境影响的钢筋混凝土结构的耐久性劣化有以下特点。

(1)由于混凝土对钢筋的保护作用,自然暴露往往要经历更长的时间才能表现出显著的侵蚀特征。

(2)环境对结构的侵蚀机理更为复杂多样。

(3)材料类型的多样性。

基于以上几个原因,自然暴露试验在混凝土结构耐久性研究中实施的难度更大。混凝土结构耐久性的环境区划该如何借鉴自然环境腐蚀性已有的研究成果,并如何进一步发展自己的区划研究体系,尚需要深入考虑。

4.3　影响耐久性的环境因素

影响混凝土结构耐久性的环境因素包括环境气候条件与环境侵蚀介质两个方面,主要的影响因素包括温度、湿度、降水以及二氧化碳、氯盐、二氧化硫、硫酸盐、碳酸等。文献[4-16]对各个耐久性作用机理下的不同环境因素的作用和影响分别给出了系统讨论和分析,此处就不再详细阐述。这里针对碳化、氯盐侵蚀、冻融破坏、硫酸盐侵蚀和碱集料反应等五种结构劣化机理,分别对不同的环境因素,综合考虑其对混凝土结构耐久性的影响规律,最终确定需要考虑的环境因素,并进行相关数据的获取。

对于硫酸盐侵蚀和碱集料反应,虽在环境区划的量化研究工作中不做明确的考虑,然而对影响两者侵蚀作用的环境因素进行总结分析,一来可以较为全面地考虑常见混凝土耐久性劣化机理,二来可以明确资料搜集中需要考虑的环境因素,选定较为全面的自然气候、地理环境条件作为调研对象,避免多次重复性的调查工作。

4.3.1　环境作用的响应

外界环境因素对结构的影响是从表面开始并逐步向结构内部扩展的,环境温度、湿度对混凝土内部的影响过程其实是一个传热、传质的过程。自然环境指标和混凝土内微环境指标是不相同的[4-4~4-17]。结构性能的退化受其内部微环境的直接影响。

文献[4-15]采用在混凝土上钻孔并埋入温湿度探头(距混凝土表面13 cm深度处)的方法测定了混凝土内部的温湿度,得到混凝土内部微环境下的气候条件随室外自然气候条件昼夜变化的响应曲线,明确了混凝土内部微环境对自然环境响应存在的滞后效应。

Janssen[4-18]在美国伊利诺伊州的野外测定表明:对于距表面较深处(如>5 cm)或底层未

暴露在大气中的混凝土,因较少感受到大气的干湿影响,其湿度变化仅随空气相对湿度或降水等变化而变化,能维持在一个较为稳定的状态(如>80%的水饱和度)。这主要是由于混凝土表面接触水分时,水可通过渗透和吸附作用使内部空隙水增加。

Andrade等[4-19]认为在温湿度一直处于变化的自然条件下,混凝土内部的湿度响应与实验室内在某一稳定温湿度条件下测得的RH～Sat(环境相对湿度RH与混凝土内部孔隙水饱和度Sat)关系差别较大。通过分析自然条件和人工条件下混凝土内部(3.5 cm深度处)的湿度响应,认为:①实验室测得的混凝土外部和内部的RH～Sat吸附曲线不能用于自然环境下混凝土内湿热性能的预测;②RH不能明确描述暴露于自然环境条件下的混凝土内的含湿量,而应以混凝土的水饱和度(含水量)来表征;③自然条件下,对于有防雨措施的混凝土结构,影响其内部相对湿度的主要因素是气温,而对于无防雨措施的结构,则为降水持续时间。

Liu等[4-20]通过对7组不同厚度砂浆在自然环境条件下混凝土孔隙水饱和度测量,发现20 mm深度以下的混凝土内部孔隙水饱和度不再受外界相对湿度快速变化的影响。这个结论与Parrott[4-21]和Geiker[4-22]的研究结论类似,并与文献[4-17]持相同观点,即实验室测得的RH～Sat曲线与实际环境并不一致,用于工程实践会有很大的误差。文献[4-23]也给出了实验室试验测定得到的孔隙水饱和度Sat与空气相对湿度RH之间的对应关系。

综上所述,关于混凝土内外湿热关系的研究大部分是在实验室条件中,按照预先确定的温湿度控制条件,研究水分吸附与温湿度的关系(水分吸附等温线);也有学者研究了自然环境条件下混凝土内外温湿度的关系。然而研究只是针对特定地区以及特定材料特性(混凝土饱水程度与水胶比、含气量、掺合料掺量等[4-24]),而且,数据有限,不能作为广泛的用途。

但是,基于以下的考虑,利用自然环境来考虑混凝土的耐久性对于混凝土结构耐久性设计区划研究是合理的。

(1) 不管外部环境条件(温度、降水时段或降水时长等)的影响如何,或是混凝土对其响应的滞后性或一致性,从大的趋势上讲,在较长的时间段内(如寿命期),混凝土内的饱水程度与外界环境的相对湿度是相对一致的。因此,在相对湿度大或者降水丰沛的环境中,混凝土内的孔隙水饱和度也相应较高。

(2) 对于环境温度和湿度,长期以来的研究都是把混凝土所处的周围环境气候条件作为混凝土内部的微气候条件来考虑的,大量研究在根据外部环境参数基础上,基于试验研究或现场检测等建立了一系列的经验模型,如大量的混凝土碳化深度预测模型和氯离子侵蚀深度预测模型。

对于其他环境因素与混凝土的相互作用,例如冻融循环次数与氯离子浓度,在后续章节中将针对不同的耐久性侵蚀机理与环境类型具体阐述。

4.3.2　环境因素的影响

环境条件是混凝土结构耐久性环境区划工作中考虑的重点,其中,温湿度更是首先要考虑的部分。

(1)环境温度。

碳化反应受温度影响较大,在CO_2浓度和环境相对湿度相同的条件下,温度升高,碳化速度加快[4-25]。发生冻融循环时,温度越低,降温速度越快,一定时间内发生的冻融循环次数越多,则对结构的破坏程度越大。对于硫酸盐侵蚀环境,温度的升高将导致SO_4^{2-}扩散速度的提高,同时也能加快反应速度[4-26],但温度过高或温度过低将会影响水泥水化过程与硫酸盐的侵蚀机理[4-27]。碱集料反应中每一种反应性集料都有一个温度限值。在该温度以下,膨胀值随温度增高而增大;当超过该温度限值时,随温度升高,反应膨胀值明显下降[4-28]。温度对于混凝土渗透性具有双重影响,但总体上,氯离子的扩散系数随温度的升高而增大[4-29]。

(2)环境相对湿度。

混凝土表面接触水分时,水可通过渗透和吸附使内部空隙水增加,相对湿度的变化决定了混凝土孔隙水饱和度的大小。在相对湿度大或者降水丰沛的环境中,混凝土内的饱水程度也相应较高。环境湿度对混凝土碳化速度有很大影响,国内外碳化资料表明,碳化速度与相对湿度的关系呈抛物线状[4-30]。有研究[4-31]认为导致混凝土碳化速度最快的相对湿度为65%。对于氯离子侵蚀条件,构件表面氯离子通过吸收、扩散、渗透等途径向混凝土内部传输的过程都需要孔隙水作为载体。混凝土的抗冻能力跟混凝土的饱水程度和混凝土的临界饱水程度有关,环境湿度较大的地区对混凝土的抗冻能力要求则较高。对于硫酸盐侵蚀环境,一般认为干湿循环产生了结晶压力,使混凝土膨胀开裂,硫酸盐的侵蚀速度加快[4-32]。国外长期的对比研究表明,混凝土经过一年的干湿循环侵蚀破坏程度大致相当于8年的浸泡侵蚀破坏程度。湿度越大,碱集料反应越严重,要阻止碱集料反应,相对湿度必须低于50%[4-33]。

(3)侵蚀离子浓度。

离子的扩散是由浓度差引起的,混凝土表面相应离子的浓度越高,内外浓度差越大,则扩散至混凝土内部的离子越多。CO_2浓度越高,碳化速度越快。近海陆地上结构表面的氯离子浓度随着海水表面氯离子浓度和风速的增大而增大,随离海岸距离的增加而减小。氯离子的存在会对碳化速度产生影响[4-34]。在一定浓度条件下SO_4^{2-}浓度越大,则构件抗力衰减速率越大[4-35],当SO_4^{2-}浓度不同时,反应的机理会发生变化,生成物也会不同[4-36]。

(4)风与降水量。

风压能够加速气体、水和侵蚀性介质在混凝土内部的扩散和渗透,但目前对于各种侵蚀环境下的研究能够完整考虑风的影响的模型仍比较少见。相对湿度与降水的强度和频率存在着一定的相关性[4-37],通常降水丰沛的地区的相对湿度也较大。

（5）环境pH值。

随着侵蚀溶液pH值的下降，混凝土的抗侵蚀能力也随之下降[4-38]。侵蚀溶液pH值的变化会使侵蚀反应不断变化，对pH值小于8.8的酸雨和城市污水，即使掺用超塑化剂和活性掺合料，也难以避免混凝土遭受侵蚀。

4.3.3 环境因素的调研方案

碳化作用、冻融破坏、盐雾侵蚀、酸雨作用等不同的环境条件会直接影响着结构的性能退化。根据以上对混凝土结构不同劣化机理的环境作用效应影响因素的分析，环境温度、环境相对湿度对各种劣化机理都有较大的影响；除此之外，混凝土碳化还受CO_2浓度、风压与风向、氯离子浓度等的影响，氯离子侵蚀还与环境氯离子浓度有关，冻融循环也与冻融循环次数、降温速度等因素密不可分，硫酸盐腐蚀与环境pH值、侵蚀离子浓度等也有很大关系。

就混凝土碳化、氯盐侵蚀、冻融破坏、硫酸盐侵蚀以及碱集料反应这五种混凝土耐久性劣化机理，环境作用效应的主要因素总结如表4-4所示。

表4-4 影响环境作用效应的主要因素

劣化机理	相对湿度	温度	CO_2浓度	降水量	风	氯离子浓度	冻融循环次数	硫酸根浓度	环境pH值
混凝土碳化	✓	✓	✓	✓	✓				
氯盐侵蚀	✓	✓		✓	（✓）	✓			
冻融破坏	（✓）	✓		✓	（✓）	（✓）	✓		
硫酸盐侵蚀	✓	✓		✓	（✓）	（✓）		✓	✓
碱集料反应	✓	✓		✓					

注：括号表示现有模型尚未能完整考虑的因素，次要或可关联考虑的影响因素，以及考虑耦合作用时的影响因素。

从影响环境作用效应的主要因素中，结合各影响因素的重要性分析与相关性分析，确定以下因素作为进行环境资料调查分析的主要对象。

（1）所选调研地区的概况：地形分布、人口、经济等。

（2）温度：包括每月/每年平均气温，平均最高气温和平均最低气温等基础数据，并分析获取温差、降温速度等参数。

（3）相对湿度：月/年平均相对湿度。

（4）大气中腐蚀性气体CO_2、SO_2、NO_2等的浓度：月/年平均值。

（5）pH值：降水的月/年平均pH值。

（6）环境氯离子浓度：海水中、近海大气盐雾中的氯离子含量。

（7）降水量：月/年平均降水量。

（8）风向与风压：常年主要类型风带及其平均风压。

（9）盐碱地与内陆盐湖：是否有，分布情况，相应参数。

（10）建筑物有无冻融破坏：如有，破坏程度如何等。

（11）如有条件，可对建筑物进行耐久性检测，例如对裂缝及缺陷、混凝土强度、碳化深度、氯离子含量、钢筋锈蚀等情况进行检测和确定。

同时，调查应尽可能收集完整的地理、气象数据，对相应可关联的内容做对比分析，如环境相对湿度与降水量、腐蚀气体与降水 pH 值、各因素的地区差异性等，确定耐久性环境区划中主要的考虑因素，使工作重点明朗化。

4.4　环境数据的调查与收集

调研主要采用实地调查，以获取第一手资料，并向相关部门，如省、市气象局及海洋局等，索取资料，并附以资料搜集、检索，对比分析。

数据包括一般性的大区域环境气候数据（如温度、相对湿度、降水量、风等）、分析拓展数据（如正负温交替次数、冰冻降温速率等）、大气中腐蚀性气体（CO_2、SO_2、NO_2 等的浓度）、小区域检测数据（如近海环境氯离子沉降量、混凝土表面氯离子浓度、其他耐久性检测与调查）以及降水 pH 值的分布等。

4.4.1　全国主要特征城市的环境基础数据

全国主要特征城市的选择如图 4-2 所示，共计 200 个城市。由于坐标系统的差异性，定点的位置存在少许偏移。从中国气象局官方网站获得相关基础资料[4-39]，然后进行系统分析与处理。查阅中国地面国际交换站气候资料日值数据集，获取相关城市在 1951—2008 年间的温度、相对湿度、降水量的数据。对于冻融循环次数，可以近似利用温度相邻的正负交替次数推得，其中对一般性冻融破坏冰点取为 0 ℃[4-40]。

采用 SQL Server 数据库管理系统，利用数据库软件，结合前面的不同劣化机理环境影响因素的参数分析，经过概率统计分析，确定获得的目标数据，包括年/月平均最高气温、年/月平均气温、年/月平均最低气温、年/月平均温差、年/月平均相对湿度、年/月降水量、年正负温交替次数。采用地理信息系统软件 Topmap，后期的数据处理如城市的定点、数据的显示、等值线的绘制等内容均在 Topmap 系统平台上进行。

这里仅给出几种主要基础目标数据的分布图，见图 4-3 到图 4-8。需要注意的是，在对各因素进行分析时，统一按全部年限的数据考虑（如 1951—2008 年），分析中没有具体考虑环境气候因素随时间的变化趋势，如环境温度、相对湿度历年来的演变规律。环境因素的概率特征，将在后面对应章节对不同环境类型的区划研究中有针对性地进行讨论。

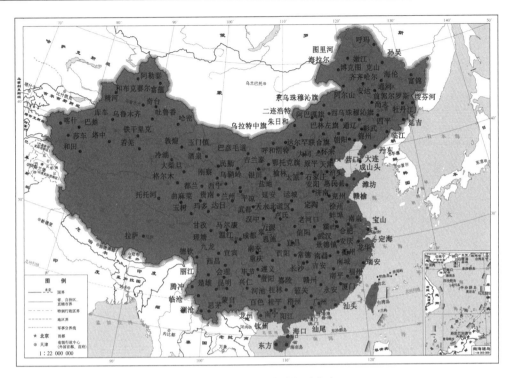

图4-2 用于区划的特征城市点

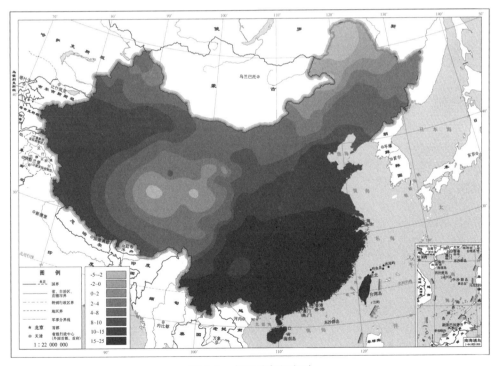

图4-3 年平均气温(℃)

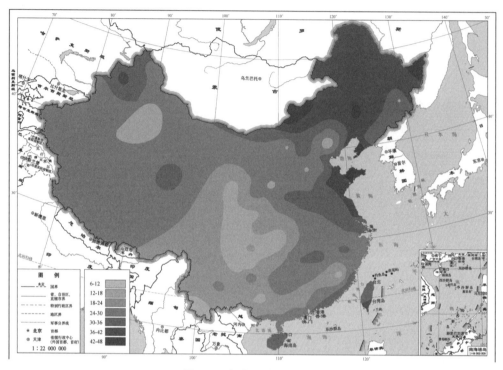

图4-4　年均风速(0.1 m/s)

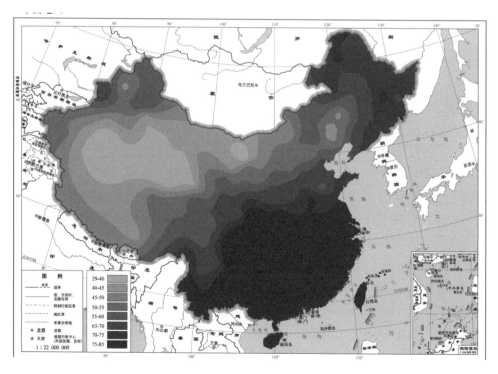

图4-5　年平均相对湿度(%)

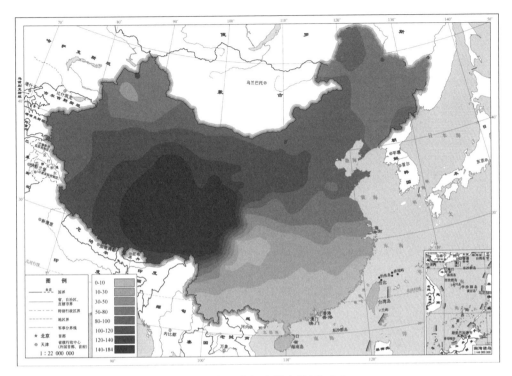

图4-6 年正负温交替次数(次/年)

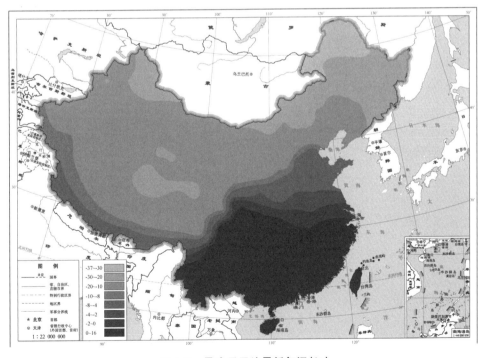

图4-7 最冷月平均最低气温(℃)

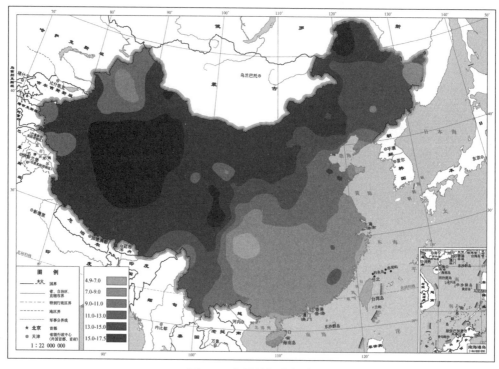

图4-8　年平均温差(℃)

4.4.2　浙江省特征城市的环境基础数据

与浙江省气候中心开展协作研究,获取浙江省环境基础数据。浙江省特征城市的分布如图4-9所示,数据为浙江省1971—2009年间近40年的数据,具体到县级行政区,共计75个特征点。数据处理方法与全国数据相同。各基础目标数据的等值分布见图4-10到图4-15。

图4-9　用于区划的浙江省特征点

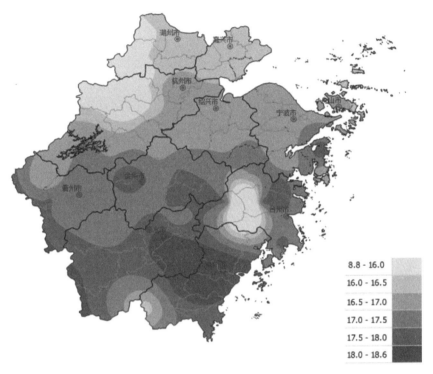

| 8.8 - 16.0 |
| 16.0 - 16.5 |
| 16.5 - 17.0 |
| 17.0 - 17.5 |
| 17.5 - 18.0 |
| 18.0 - 18.6 |

图4-10　浙江省年平均气温(℃)

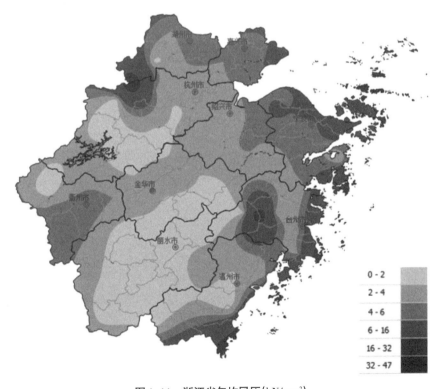

| 0 - 2 |
| 2 - 4 |
| 4 - 6 |
| 6 - 16 |
| 16 - 32 |
| 32 - 47 |

图4-11　浙江省年均风压(kN/mm²)

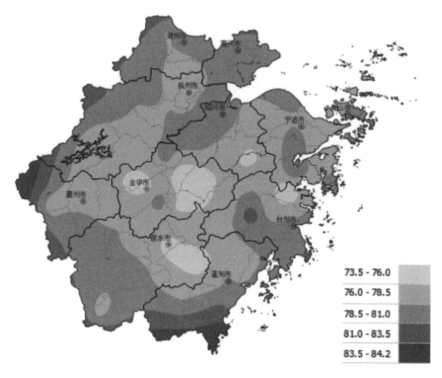

图4-12　浙江省年平均相对湿度(%)

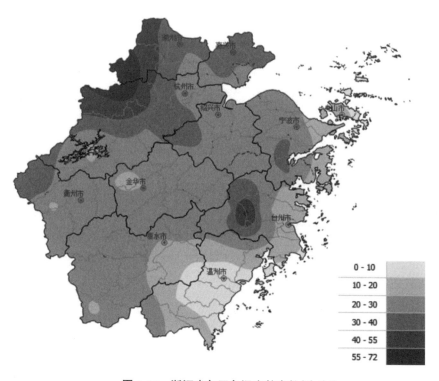

图4-13　浙江省年正负温交替次数(次/年)

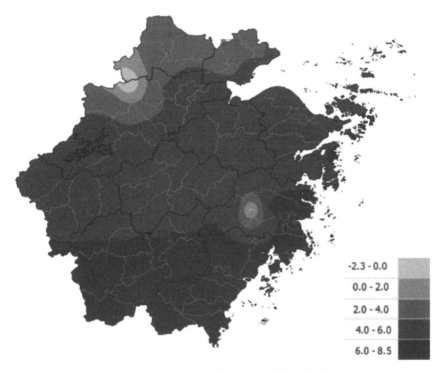

图4-14 浙江省最冷月平均最低气温(℃)

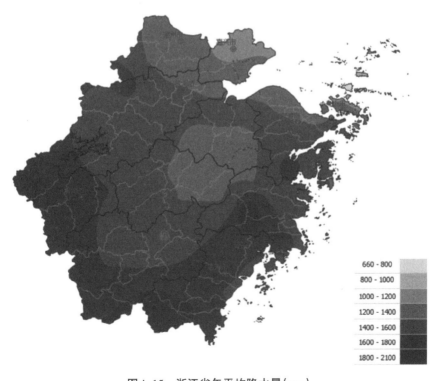

图4-15 浙江省年平均降水量(mm)

4.4.3 其他数据

对于盐度,除了寒冷地区除冰盐及盐湖、盐碱地等的影响,一般性的氯盐侵蚀主要集中于海上结构及滨海地区。获得的环境资料数据,主要是环境氯离子浓度数据,除冰盐及盐湖、盐碱地等情况再做特殊考虑;盐度数值主要从相关部门的检测公报及文献资料中获取。

冰冻降温速率、近海环境氯离子沉降量、混凝土表面氯离子浓度等数据分别在冻融循环环境耐久性设计区划和海洋氯离子环境耐久性设计区划中予以具体论述。本小节仅给出浙江省大气中腐蚀性气体(CO_2、SO_2、NO_2等的浓度)、降水 pH 值的数据值及其讨论分析。

浙江省的酸雨监测站点包括临安、湖州、嘉兴、绍兴、杭州、定海、金华、义乌、衢州、丽水、温州、洪家共 12 个站点,资料年份为 2007—2010 年,观测年份较短。国际上通用的酸雨 pH 值界限为 5.6[4-41]。从图 4-16 可以看出,浙江省除衢州市、丽水市和温州市西北部地区外,其他地区均处于 pH 值＜5.5 的覆盖区,全省酸雨污染严重。浙江省的混凝土结构耐久性设计应对酸雨的影响进行考虑。

浙江省内观测腐蚀性气体的台站只有临安大气成分站这一个站,数据相对降水 pH 值更为稀少。空气中 SO_2、NO_2、CO_2 的浓度含量分别如图 4-17、图 4-18 和图 4-19 所示。可以看出,浙江省的空气中 SO_2、NO_2 的浓度从 2008 年到 2010 年整体上呈下降趋势,但是 CO_2 含量从 2009 年到 2010 年则呈现出缓慢增加的趋势。

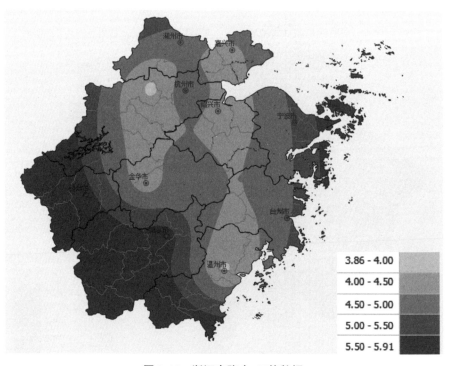

	3.86 - 4.00
	4.00 - 4.50
	4.50 - 5.00
	5.00 - 5.50
	5.50 - 5.91

图 4-16　浙江省降水 pH 值数据

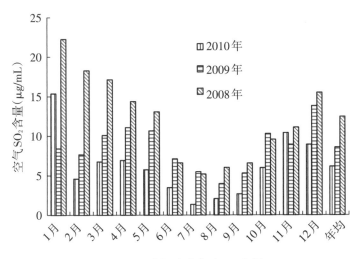

图4-17　浙江省空气中SO₂含量

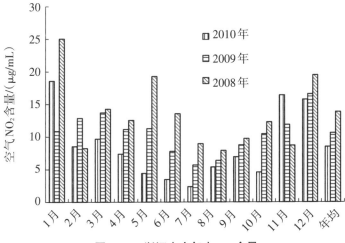

图4-18　浙江省空气中NO₂含量

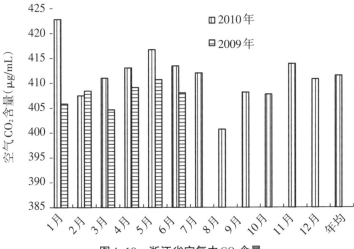

图4-19　浙江省空气中CO₂含量

参考文献

［4-1］曹楚南.中国材料的自然环境腐蚀.北京:化学工业出版社,2005.

［4-2］中华人民共和国住房和城乡建设部.混凝土结构耐久性设计规范:GB/T 50476—2008.北京:中国建筑工业出版社,2008.

［4-3］Dyxter S C,Culberson C H. Global variability of natural sea water. Material Performance,1980,19 (9):26.

［4-4］李金桂,赵闺彦.腐蚀和腐蚀控制手册.北京:国防工业出版社,1988:39.

［4-5］O'Dowd C D,Smith M H,Consterdine I A,et al. Marine aerosol,sea-salt,and the marine sulphur cycle:a short review. Atmospheric Environment,1997(31):73-80.

［4-6］Petelski T,Chomka M. Sea salt emission from the coastal zone. Oceannologia,2000(42):399-410.

［4-7］Ausralia Standard:TMAS 3600-2001. Sydney:Standards Australia International Ltd,2001.

［4-8］王冰,王命平,赵铁军.近海陆上盐雾区的分区研究//第四届混凝土结构耐久性科技论坛论文集:混凝土结构耐久性设计与评估方法.北京:机械工业出版社,2006.

［4-9］赵尚传.基于混凝土结构耐久性的海潮影响区环境作用区划研究.公路交通科技,2010,27 (7):61-64,75.

［4-10］Song H W,Lee C H,Ann K Y. Factors influencing chloride transport in concrete structures exposed to marine environments. Cement & Conrete composites,2008,30(2):113-121.

［4-11］Service Life Models. Instructions on methodology and application of models for the prediction of the residual service life for classified environmental loads and types of structures in Europe. Life Cycle Management of Concrete Infrastructures for Improved Sustainability,2003:1-27.

［4-12］杨全冰,黄士元.对混凝土结构抗冻融及盐冻侵蚀耐久性设计的建议//混凝土结构耐久性设计与施工指南.北京:中国建筑工业出版社,2004:130-142.

［4-13］李晔,姚祖康,孙旭毅,等.铺面水泥混凝土冻融循环环境量化研究.同济大学学报(自然科学版),2004,32(10):1408-1412.

［4-14］Service Life Models. Instructions on methodology and application of models for the prediction of the residual service life for classified environmental loads and types of structures in Europe. Life Cycle Management of Concrete Infrastructures for Improved Sustainability,2003.

［4-15］曹楚南.腐蚀电化学原理.北京:化学工业出版社,2008.

［4-16］吕清芳.混凝土结构耐久性环境区划标准的基础研究.杭州:浙江大学,2007.

［4-17］马文彬,李果.自然气候条件下混凝土内部温湿度相应规律研究.混凝土与水泥制品,2007 (2):18-21.

［4-18］Janssen D J. Moisture in portland cement conerete. Washington D C:Transportation Research Board,1987.

［4-19］Andrade C,Sarría J,Alonso C. Relative humidity in the interior of concrete exposed to natural and artificial weathering. Cement and Concrete Research,1999(29):1249-1259.

［4-20］陆秀峰,刘西拉,覃维祖.自然环境条件下混凝土孔隙水饱和度分布.四川建筑科学研究,2007,33(5):114-121.

［4-21］ Parrot L J. Moisture profiles in drying concrete. Advances in Cement Research. 1988,1(1):164-170.

［4-22］ Mette R G, Peter L. On the effect of laboratory conditioning and freeze/thaw exposure on moisture profiles in HPC. Cement and Concrete Research,2001,31:1831-1836.

［4-23］ 宋晓冰. 钢筋混凝土结构中的钢筋腐蚀. 北京:清华大学,1999.

［4-24］ 葛勇,孙迎迎,袁杰,等. 混凝土水饱和程度影响因素的研究. 低温建筑技术,2006(6):1-3.

［4-25］ 徐道富. 环境气候条件下混凝土碳化速度研究. 西部探矿工程,2005(10):147-149.

［4-26］ Manu S, Menashi D C, Jan O. Modeling the effects of solution temperature and concentration during sulfate attack on cement mortars. Cement and Concrete Research. 2002,32(4):585-592.

［4-27］ Fevziye A, Fikret T, Sema K, et al. Effects of raised temperature of sulfate solutions on the sulfate resistance of mortars with and without silica fume. Cement and Concrete Research,1999,29(4):537-544.

［4-28］ 王晓冬,刘丽娟,赵铁军. 混凝土碱集料反应. 海岸工程,2005,24(3):67-71.

［4-29］ 王仁超,朱琳,李振富. 混凝土氯离子综合机制扩散模型及敏感性研究. 哈尔滨工业大学学报,2004,36(6):824-828.

［4-30］ 蒋清野. 混凝土碳化数据库与混凝土碳化分析. 攀登计划—钢筋锈蚀与混凝土冻融破坏的预测模型1997年度研究报告,1997.

［4-31］ Thomas M D A, Matthews J D. Carbonation of Fly Ash Concrete. Magazine of Concrete Research,1992,44(160):2l7-228.

［4-32］ Iriya K, Hitomi T, Takeda N. Development of concrete with high durability to sulfate attack// Proceedings of International Conference on Durability of Concrete Structures. Hangzhou,China,2008:449-452.

［4-33］ 刘日波,王辉. 碱集料反应综述. 混凝土,2006(10):47-48.

［4-34］ 李林. 客运专线高性能混凝土箱梁氯离子耦合作用下碳化寿命研究. 北京:北京交通大学,2008.

［4-35］ 方祥位,申春妮,杨德斌,等. 混凝土硫酸盐侵蚀速度影响因素研究. 建筑材料学报,2007,10(1):89-96.

［4-36］ Raphaël T, Barzin M. Modeling of Damage in Cement-Based Materials Subjected to External Sulfate Attack Ⅱ: Comparison with Experiments. Journal of Materials in Civil Engneering,2003,15(4):314-322.

［4-37］ 秦琰琰,李柏,张沛源. 降水的雷达反射率因子与大气相对湿度的相关关系研究. 大气科学,2006,30(2):169-177.

［4-38］ Paul W B. An evaluation of the sulfate resistance of cements in a controlled environment. Cement and Concrete Research,1981,11(5-6):719-727.

［4-39］ 中国气象局国家气象信息中心. 中国气象科学数据共享服务. ［2008-06-15］. http://cdc.cma.gov.cn/index.jsp.

［4-40］ 林宝玉. 我国港工混凝土抗冻耐久性指标的研究与实践//混凝土结构耐久性设计与施工指南. 北京:中国建筑工业出版社,2004:158-168.

［4-41］ 王美秀. 酸雨问题概述. 内蒙古教育学院学报(自然科学版),1999,12(2):25-27.

5 一般大气环境区划

大气是由一定比例的氮、氧、二氧化碳、水蒸气和固体杂质微粒组成的混合物。就干燥空气而言,按体积计算,在标准状态下,氮气占78.08%,氧气占20.94%,氩气占0.93%,二氧化碳占0.03%,而其他气体的体积则是微乎其微的。空气污染因素有自然因素(如森林火灾、火山爆发等)和人为因素(如工业废气、生活燃煤、汽车尾气、核爆炸等)两种,且以后者为主,尤其是工业生产和交通运输所造成的[5-1]。

可以将大气环境分为两大类:一般大气环境和大气污染环境。一般大气环境是指仅有正常的大气(二氧化碳、氧气等)和温湿度(水分)作用,不存在冻融、氯化物和其他化学腐蚀物质影响的环境[5-2]。在一般大气环境下,混凝土结构的腐蚀主要是碳化引起的钢筋锈蚀,一般常见于工业与民用建筑。由于一般大气环境的普遍性,碳化引起的混凝土内部钢筋锈蚀作为混凝土结构最为常见的劣化现象,是耐久性设计中的重要问题。

本章仅考虑一般大气环境下的混凝土结构耐久性环境区划。围绕环境作用效应与结构抵抗环境作用的能力之间的关系,结合笔者课题组标准化试验数据和国内外已有的研究成果,基于可靠度理论建立结构耐久性预测的概率方法,针对混凝土结构碳化对全国版图进行环境区域划分,为工程结构的耐久性设计提供参考依据。

5.1 基准环境与标准试件定义

5.1.1 基准环境

对一般大气环境下的环境作用条件按《混凝土结构耐久性设计规范》(GB/T 50476—2008)[5-2]中的规定进行细分。按照结构或构件所处的具体环境,将一般大气环境分为室内环境、永久的静水浸没环境、非干湿交替的室内潮湿环境、非干湿交替的露天环境、长期湿润环境、干湿交替环境六种环境作用条件。

定义一般大气环境的基准环境为非干湿交替的露天环境,即不接触或偶尔接触雨水的有遮蔽条件的室外构件所处的环境。其原因有三。

(1) 本章考虑的自然环境对混凝土结构耐久性作用效应的区划,从需求上来讲,需要选择适宜的室外工作条件作为研究对象。

(2) 非干湿交替的露天环境,不必考虑受雨淋的时长与频率、干湿交替时间比、水位变动情况等局部条件,环境单一、普遍,适宜作为考虑区域环境的水平差异的环境基准。

(3) 碳化试验标准,如《普通混凝土长期性能和耐久性能试验方法标准》(GB/T

50082—2009），规定的加速碳化试验方法，以及众多混凝土碳化试验研究均是在控制试验条件的温度、相对湿度以及CO_2浓度的条件下进行的，均不考虑干湿情况。

综上所述，选定非干湿交替的露天环境作为区域环境区划研究的基准环境，可以考虑一般大气环境对混凝土结构耐久性劣化作用的普遍性，并能与前期相对成熟和丰富的试验研究成果建立联系。

5.1.2　标准试件

标准试件即标准内部条件，是用于对环境作用效应进行衡量的试件。预先对标准内部条件进行讨论，定义标准试件的目的如下所示。

（1）在统一的标准内部条件的参照基础上，将各主导因素对结构耐久性的影响统一为对设定标准参照预期指标（寿命、侵蚀深度或性能退化等）的影响，对这个量化指标分析确定适宜的区划指标，并以此作为环境区划的主导标志，完成环境区域等级划分。

（2）确定混凝土结构抵抗环境作用能力的主导因素以及结构耐久性指标，根据划分完成后的各区域的既定环境条件，选择劣化模型中的相关参数进行估算，结合材料与构件层次的研究成果，提出耐久性环境区划标准的相关规定。

材料与构造参数的选取主要遵循以下原则：①应具有广泛的代表性，是实际工程中最常用的；②应能与以往的试验结果对比，并应能被后续试验所检验；③应与现有的国家和地方规范或标准相一致。

影响混凝土结构耐久性的结构内部因素主要包括以下几个方面[5-3,5-4]：①材料，即混凝土原材料、混凝土强度等级、水泥用量、水胶比等；②构造，即结构形状、混凝土保护层厚度、裂缝宽度等；③施工，即表层混凝土质量、含气量、表层混凝土渗透性等；④其他，即是否检测以及维修制度、防腐附加措施等。

根据工程实践与耐久性的一般要求[5-2,5-5~5-7]，对于一般大气环境的研究，标准内部条件（标准试件）为普通硅酸盐水泥，混凝土保护层厚度值为30mm，混凝土水胶质量比w/b（这里与水灰质量比w/c相等）为0.45，混凝土强度等级为C30，不考虑外加剂。

5.2　基于可靠度的概率预测方法

5.2.1　碳化深度预测模型

适用于区划的预测模型应能够反映区域环境条件的差异性，并能考虑直观环境因素的影响，如温度、湿度、环境CO_2含量等。考虑到本书区划工作是基于既定的标准参照条件，模型中可不涉及构件、材料等方面针对性较强的参数。根据普通硅酸盐水泥在标准碳化环境（温度20℃，湿度70%，CO_2体积分数为20%）下的试验数据[5-5~5-8]，并结合文献[5-9，5-10]中的对应数据，见图5-1，得到28天碳化深度与混凝土立方体抗压强度的关系：

$$X_{28} = \frac{264.1}{\sqrt{f_{cu}}} = -30.87 \tag{5-1}$$

式中：X_{28} 为碳化深度(mm)；f_{cu} 为混凝土28天立方体抗压强度(MPa)。

引入相对于标准条件下的修正系数，得到如下碳化深度预测模型：

$$X(t) = k_{RH} k_T k_{CO_2} k_t \left(\frac{264.1}{\sqrt{f_{cu}}} - 30.87 \right) \tag{5-2}$$

式中：$X(t)$ 为 t 时刻的碳化深度(mm)；t 为服役年限(a)；k_{RH} 为环境相对湿度影响系数；k_T 为环境温度影响系数；k_{CO_2} 为环境 CO_2 含量影响系数；k_t 为时间影响系数。

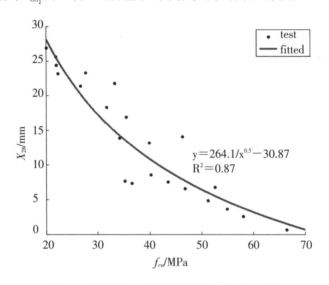

图5-1　混凝土28天抗压强度与碳化深度关系

5.2.2　参数分析与确定

环境条件是混凝土耐久性环境区划工作中的考虑重点，特别是温度和湿度的影响作用。本节针对式(5-2)中涉及的各参数取值问题进行讨论，包括环境温度影响系数、环境相对湿度影响系数、环境 CO_2 含量影响系数和时间影响系数等的分析与确定方法。

5.2.2.1　环境温度与相对湿度影响系数

环境条件是混凝土耐久性环境区划工作中的考虑重点，特别是温度和湿度的影响作用。相对湿度与温度对混凝土碳化深度影响的试验结果见图5-2和图5-3[5-8]。

由于碳化速度与相对湿度的关系近似呈抛物线状且在相对湿度为50%时达到最大值[5-11]，因此可将试验所得数据视为抛物线的右半部分。环境相对湿度对混凝土碳化速度的影响系数可表示如下：

$$k_{RH} = -4.2 RH^2 + 4.24 RH + 0.20 \tag{5-3}$$

式中：k_{RH} 为相对湿度相对于标准碳化环境的影响系数，即 $RH_{ref} = 70\%$；RH 为相对湿度(−)，可为年均相对湿度。

表5-1为试验所得结果与文献的温度影响系数 k_T 的比较。从表中的对比发现,试验结果和文献[5-12]具有相似的温度影响规律,且试验结果的温度影响程度相对较高,而文献[5-11]给出的温度影响程度较轻。对 k_T 分别采用3种形式进行全国范围实际大气环境的寿命预测发现,对于影响程度较高的 k_{T3} 预测结果的地域分布特征主要受温度控制,而对于影响程度较轻的 k_{T2} 寿命预测结果的地域分布特征则表现为受相对湿度控制,认为文献[5-12]中温度影响系数 k_{T1} 较能综合反映温湿度的影响,即区划工作中取温度影响系数为

$$k_T = \exp(8.748 - 2563/T) \tag{5-3}$$

式中: k_T 为温度相对于标准碳化环境的影响系数,即 $k_{ref} = 293K$; T 为所处碳化环境的温度(K),可为年均温度。

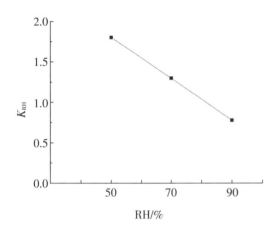

图5-2　碳化速率系数与相对湿度的关系　　　　图5-3　温度对28天碳化深度的影响

表5-1　不同表达式下温度影响系数比较

模型来源	k_T 表达式	T/K			
		283	293	303	313
文献[5-12]	$k_{T1} = e^{8.748 - \frac{2563}{T}}$	0.735	1	1.335	1.750
文献[5-11]	$k_{T2} = \sqrt[4]{\dfrac{T_1}{T_{ref}}}$	0.991	1	1.008	1.017
试验结果	$k_{T3} = e^{\left(5172\left(\frac{1}{T_{ref}} - \frac{1}{T}\right)\right)}$	0.534	1	1.822	3.080

影响混凝土碳化的温湿度周期与混凝土碳化历程密切相关,相对于混凝土结构的服役年限,环境温湿度的变异很小(约为3%~8%)。环境因子的变异对碳化深度标准差的影响甚小[5-12]。碳化分区中,不考虑两者的变异性,将环境温湿度作为确定性变量处理。

5.2.2.2　CO_2 含量影响系数与时间影响系数

CO_2 含量越高,碳化越快,一般认为混凝土碳化速度与环境中 CO_2 体积分数的平方根成

正比。大量工程实践与试验资料表明不同碳化环境下混凝土的碳化深度存在如下关系：

$$X_1 = X_2 \sqrt{\left(C_{CO_2,1}\, t_1\right) \big/ \left(C_{CO_2,2}\, t_2\right)} \qquad (5-5)$$

式中：X、C_{CO_2}、t 分别为不同碳化环境下的混凝土碳化深度、环境 CO_2 体积分数和碳化龄期。通常自然环境中的 CO_2 体积分数约为 0.035%[5-5~5-7]，则有：

$$k_{CO_2} = \sqrt{\frac{C_{CO_2}}{0.035}} \cdot \sqrt{\frac{0.035}{20}} = 0.042 \sqrt{\frac{C_{CO_2}}{0.035}} \qquad (5-6)$$

$$k_t = \sqrt{\frac{t}{28} \cdot 365} = 3.61\sqrt{t} \qquad (5-7)$$

式中：C_{CO_2} 为环境 CO_2 体积分数（%）；t 为碳化龄期（a）。

由于实际大气中 CO_2 的含量受地域气候、植被、人群等的影响，在时间和地点上存在着变化。对于一般大气环境，在大气流动的作用下，CO_2 含量的区域差别不大，北欧五国基于地理信息系统的耐久性气候分区也没有考虑 CO_2 含量的区域差异[5-7]。因此，在对大范围的区域环境进行区划时，可忽略 CO_2 含量的区域差异影响，取 $C_{CO_2}=0.035\%$。混凝土结构耐久性设计中以区域经济发展和人口状况的差异来定性考虑 CO_2 含量的区域差别。对于 CO_2 含量差异较大的特定区域，如隧道、地下停车场、大型工业区等，若二氧化碳含量统计资料已知，则可按式(5-6)计算 CO_2 含量影响系数。

5.2.3　耐久性极限状态与可靠指标

对寿命或性能退化等指标的耐久性预测是进行混凝土结构耐久性区域划分的基本手段，即以寿命为纽带将结构劣化与环境作用联系起来，通过结构的性能劣化程度或寿命来反映环境对结构耐久性的影响程度。这适用于区划的耐久性极限状态与可靠指标的确定，是基于概率的预测方法的必要前提。

5.2.3.1　耐久性极限状态

混凝土结构的安全性、适用性和耐久性是结构可靠性分析和设计的核心[5-13]。在结构的全寿命周期中，结构是以可靠（安全、适用、耐久）和失效（不安全、不适用、不耐久）两种状态存在的。结构耐久性极限状态是结构耐久性设计的目标和基于概率的极限状态设计方法的前提[5-14]。国家标准 GB 50068—2001[5-15] 将结构的功能要求划分为安全性、适用性、耐久性 3 个方面，其中明确界定了安全性、适用性对应于结构的极限状态，而没有明确给定结构的耐久性对应的极限状态。为了能够描述结构的耐久性状态，就必须明确定义结构耐久性极限状态。对应于耐久性寿命的极限状态需要根据具体的劣化机理进行预先定义，而且应选择适合于区划设计的界定标准。

混凝土结构的耐久性极限状态，是指整个结构或结构的一部分超过某一特定状态就不能满足设计规定的耐久性要求，此特定状态称为耐久性极限状态[5-16]。它不同于承载能力极限状态和正常使用极限状态,是一种具有动态性的性能极限状态,包含了安全性、适用性以及其他性能的关键点[5-14]。

混凝土碳化对于钢筋混凝土结构耐久性的影响主要是引起钢筋锈蚀,引起钢筋锈胀开裂并最终导致结构或构件承载能力降低的失效。混凝土结构使用寿命判别准则一般按照其劣化阶段,包括钢筋初锈、混凝土胀裂开裂、裂缝宽度限值和承载能力4个寿命准则。考虑到针对结构设计的极限状态一般不考虑构件的开裂[5-5~5-7],对于碳化作用下结构的耐久性极限状态标志取为混凝土碳化深度到达钢筋前沿[5-5~5-17],即

$$p_f = p(X_{(t)}) - d_{cover} \geqslant 0) \leqslant \Phi(-\beta) \tag{5-8}$$

式中:p_f为耐久性失效概率;d_{cover}为保护层厚度,单位为mm;β为可靠指标。

5.2.3.2　可靠指标

一般认为结构的耐久性极限状态是按照适用性和可修复性的要求来定义的,即类似正常使用极限状态[5-18,5-19],但需要指出的是,两者概念上有着本质的差别。应用于区划耐久性预测中的可靠指标旨在提供一个统一的参考标准,以表征环境对结构耐久性的影响程度,可不必考虑构件种类、结构重要性等具体因素。参考文献[5-7,5-20,5-21]中关于可靠指标的建议取值,针对耐久性区划设计,本书取用可靠指标$\beta = 1.5$,即预测实际条件下具有近似95%保证率的指标值。

对于海洋氯化物环境和冻融循环环境的可靠指标的取值均按此取值,即取为1.5。

5.2.3.3　模型的工程验证

利用建立的碳化深度预测模型式(5-2)和式(5-8)对工程实测数据进行验证,见表5-2,表中:X_m、X_c分别为碳化深度实测值和本书模型计算值,ε为预测相对误差。从表5-2可以看出,本书所建碳化深度预测模型与文献[5-12,5-22]中对应的预测值均和实测值有一定的符合度,在不同地区表现出不同的倾向。城市实测数据来自文献[5-12,5-22]。从检测数据可以看出,对于相同地区具有相同服役年限和相同混凝土强度的实际工程,结构混凝土的碳化深度也有较大不同,这主要是受环境气候条件的多样性、结构自身的材料及测量误差等的影响。

图5-4为工程实测值、本书预测值和文献[5-13,5-23]预测值的对比曲线。可以看出:①本书模型对于东北地区,文献模型对于西北地区,均有不同的适应优势;②本书预测值多比实测值偏大,从工程意义上来讲偏于安全;③本书预测曲线形状与实测曲线形状相似度很高,能更为明显地反映不同地区环境对混凝土结构耐久性的作用效应的强弱差异。

表5-2　预测模型的验证

城市	f_{cuk}/MPa	服役年限/a	X_m/mm	X_c/mm	ε $(X_m-X_c)/X_m$	ε 文献[5-12,5-22]值
本溪	14	29	34.3	30.8	0.10	0.35
本溪	14	29	42.9	30.8	0.28	0.48
本溪	14	49	62.8	40.1	0.36	0.54
西安	18	31	18.6	28.9	−0.55	−0.38
西安	18	33	28.8	29.8	−0.03	0.08
西安	23	6	7.8	10.1	−0.29	−0.04
西安	38	31	10.5	12.5	−0.19	0.24
太原	48	2	2.1	2.2	−0.05	−0.86
三明	28	24	10.9	16.2	−0.48	−0.19
三明	28	24	17.1	16.2	0.05	0.25
汕头	21.5	5	12	10.3	0.14	0.04
北京	28	39	20.5	22	−0.07	−0.15
北京	38	39	15	14.9	0.01	0.08
重庆	28	15	8.8	11.9	−0.35	−0.23
上海	18	56	22.5	35.7	−0.58	−0.17
乌鲁木齐	28	40	10.5	18.8	−0.79	−0.98
酒泉	20	32	19	24.7	−0.3	0.10
三门峡	28	25	9.7	17.0	−0.75	−0.25

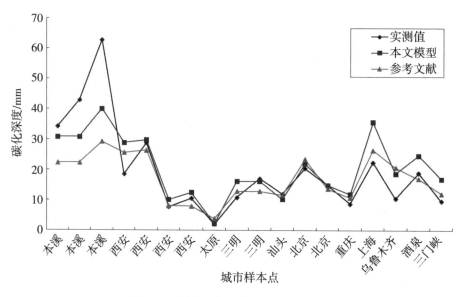

图5-4　碳化深度预测值与实测值结果对比

5.3   环境区划体系

本书3.3.1中对混凝土结构耐久性环境区划方法及分区指标的选取进行了详细探讨，并以一般大气环境下碳化区域环境分区为例做了讨论与分析。

针对基准环境，本章选用环境作用系数k_E（对应于3.3.1.2.4中量化的总体环境指标）为分区指标，即

$$k_E = k_{RH} k_T k_{CO_2} = (-4.2RH^2 + 4.24RH + 0.20) \cdot \exp(8.748 - 2563/T) \cdot 0.042 \sqrt{\frac{C_{CO_2}}{0.035}} \tag{5-9}$$

不考虑二氧化碳含量的区域差异影响，即取$C_{CO_2} = 0.035\%$，则有

$$k_E = 0.042 \cdot (-4.24RH^2 + 4.24RH + 0.20) \cdot \exp(8.748 - 2563/T) \tag{5-10}$$

5.3.1   指标计算与预测

假设混凝土保护层厚度服从正态分布，混凝土强度服从对数正态分布，变异系数均取为0.11（经验值）。根据已经确定的计算模型(5-2)～(5-4)、(5-6)～(5-8)，引入各地实际外部环境[5-23]，采用蒙特卡罗数值方法预测标准内部条件下满足目标可靠度的、指定极限状态下的指标值，包括：

（1）标准试件在保护层为30 mm时的耐久年限t，即寿命，结果见图5-5。

（2）标准试件暴露50年后的碳化/侵蚀深度X_{50}，即保证50年使用寿命所需的保护层厚度，结果见图5-6。

（3）按照式(5-9)计算环境作用系数k_E，结果见图5-7。

从图5-5～图5-7中可以看出：①在k_E越大的地区（即环境作用效应越大），X_{50}越大，t越小，则相应对结构耐久性的要求越高；②保护层厚度对耐用年限的影响很大，特别是对于碳化侵蚀作用较轻的地区，保护层厚度较小的增厚即能引起耐久寿命的大大增加；③k_E区域分布与X_{50}区域分布基本相同，两者在数值上相差一个常数，原因参见3.3.1；④k_E的值不依赖于提供的标准试件和预定暴露年限，不但能很好反映环境作用效应，也与碳化深度X_{50}和耐久年限t有很好的对应关系。

以预测的耐久年限t的分布图（图5-5）为例，分析基准环境对结构的侵蚀特征如下：①除南方高温地区外，华北部分地区和新疆西部寿命预测值最小，环境作用程度最为严重。这个地区年均相对湿度基本在40%～60%，且年均温度也较高。根据相对湿度对碳化速度的影响分析，当相对湿度在40%～60%时碳化速度最快；②从耐久年限的分布区域来看，按照劣化速度由快到慢基本上符合华北与西北、华中与华东、西南、东北这个次序。华南地区由于常年温度较高，虽相对湿度较高，但受温度影响，碳化速度亦较快。

根据上述200个特征城市的耐久年限的计算结果，对其进行直方图分析，如图5-8，其中频数用N表示。从图中可以看出，对于选定的标准内部参数条件，各地的耐久年限预测值基本处于50～200 a，以90～120 a分布最广。总体计算结果与业内普遍共识相符，也与相应规范的环境作用分类分级相一致：一般大气环境的环境作用效应相对于氯盐或冻融循环环境要轻微很多，对相应的构造指标与耐久性指标的要求也相应宽松。

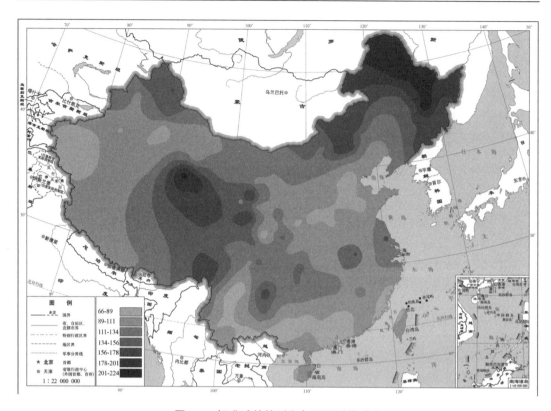

图 5-5　标准试件的耐久年限预测值 $t(\mathrm{a})$

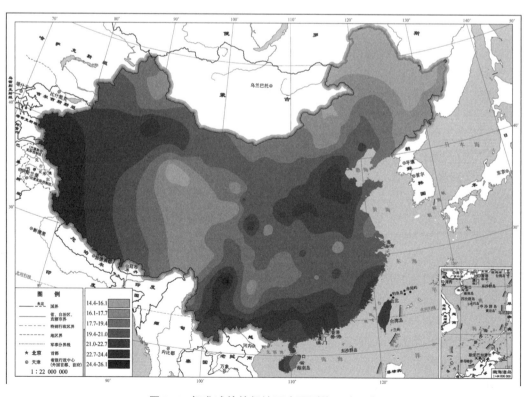

图 5-6　标准试件的侵蚀深度预测值 $X_{50}(\mathrm{mm})$

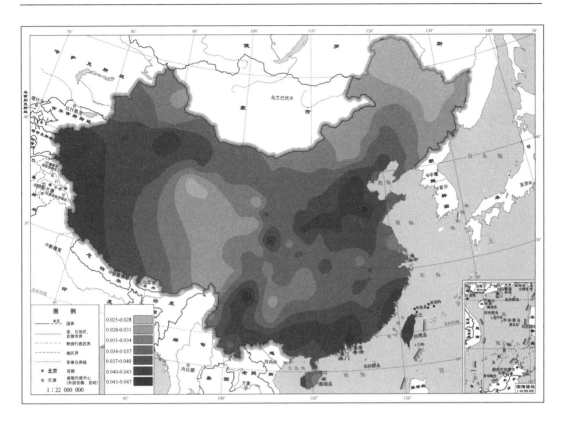

图5-7　环境作用系数 k_E

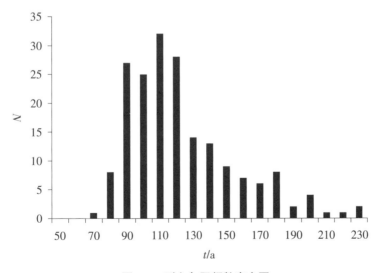

图5-8　耐久年限频数直方图

5.3.2　区域环境区划

5.3.2.1　环境作用效应区划

区域环境的分区指标被确定为环境作用系数 k_E，即以不同地区对应的 k_E 值作为界限确定的依据。为使各区域等级的劣化梯度相等，将 k_E 的对应值域五等分，以此为依据确定耐久性寿命分区的边界值，得到基准环境下的全国碳化侵蚀破坏机理下的环境作用效应区划图，如图5-9所示，共划分为5个区域等级：1、2、3、4、5，从1至5为侵蚀严重程度递增。

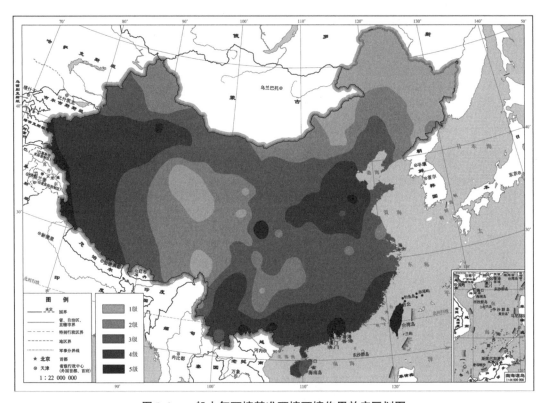

图5-9　一般大气环境基准环境环境作用效应区划图

5.3.2.2　指标分布情况

相对于环境作用系数对环境作用效应的表征优势，碳化深度和耐久年限对于工程应用更有针对性。预测得到碳化深度可以直接指导工程设计和施工，耐久年限则以寿命这个最终指标明确表征了结构可能的服役年限，更为直观。

这里通过分析不同地区的环境作用系数 k_E、碳化深度 X_{50}、耐久年限 t 三者的关系，对区划图中对应分区的碳化深度 X_{50}、耐久年限 t——这两个体现环境作用效应对结构耐久性作用结果的指标的分布情况进行确定。

图5-10中的曲线为三者在不同分区的对应关系。按照$k_E \rightarrow X_{50} \rightarrow t$的次序,即可确定出与各分区对应的碳化深度$X_{50}$和耐久年限$t$的分布情况,见表5-3。

5.3.2.3　区域特征

结合环境作用区划图(图5-9)与指标关系分析(图5-10),基准环境下,将各分区的区域特征列于表5-3。与前面所述一致,表5-3中提到的耐久年限考虑的是标准内部参照条件(标准试件)在各地实际环境下的寿命预测值,碳化深度是指标准试件在已定地区环境条件下暴露50a后的碳化深度预测值;环境为一般大气环境的非干湿交替的露天环境,对于室内环境、干湿交替环境及其他环境下的混凝土结构的考虑,见5.3.3。

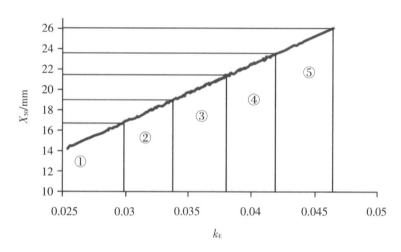

（a）　环境作用系数k_E与碳化深度X_{50}

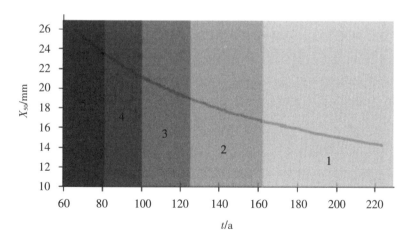

（b）　寿命预测值t与碳化深度X_{50}

图5-10　k_E、X_{50}、t的相关关系

表5-3　一般大气环境基准环境各级耐久性区域的环境特征与作用程度

区划等级	k_E	X_{50}/mm	t/a	环境特征与作用程度
1	0.025~0.03	14.3~16.7	160~223	年平均温度在0~5℃,年平均相对湿度55%~70%;主要位于东北和青海部分地区。由于温度较低,碳化速度很慢
2	0.03~0.034	16.7~19	126~162	可分为两类特征地区:①年平均温度在3~5℃,年平均相对湿度40%~60%。②年平均气温在15~18℃,年平均相对湿度为70%~80%。两类地区由于温度偏低或相对湿度较大,碳化速率仍较为缓慢
3	0.034~0.038	19~21.5	100~126	年平均温度在5~22℃,年平均相对湿度40%~80%,覆盖范围较广,主要分布在华北、华中、西北、华东和西南大部分地区。碳化作用较快
4	0.038~0.042	21.5~23.6	81~100	可分为两类特征地区:①年平均温度在10~17℃,年平均相对湿度40%~60%,主要位于华北和西北部分地区。②年平均温度在20℃左右,年平均相对湿度75%以上,主要位于华南湿热地区。年均温度与相对湿度均非常有利用碳化发展,碳化速率非常快
5	0.042~0.047	23.6~26.1	81~66	在4级区域内分布且范围较小

5.3.3　局部环境等级调整

　　区域环境的环境区划是针对基准环境,即非干湿交替的露天环境。然而,结构在服役过程中,结构构件不同部位受局部工作环境的影响而引起结构自身耐久性劣化程度的不均匀分布,即本书3.2.1.2所定义的局部环境竖向差异。

　　局部环境的影响因素包括位置、朝向、遮盖情况等,表现为是否频繁接水、室内或室外等。按照《混凝土结构耐久性设计规范》(GB/T 50476—2008)[5-2]中表4.2.1对一般大气环境下环境条件的细分,基于基准环境,对局部环境的环境区划等级的调整方法见表5-4。"-1"和"+1"分别表示在基准环境的区划结果上将作用等级降低一级或增加一级。按表5-4调整后的环境区划等级低于1级时,按1级考虑;5级区的干湿交替环境调整后为6级,记为5+级。

表5-4 局部环境的环境区划等级的调整

环境条件	结构构件示例	调整方法
室内干燥环境	常年干燥、低湿度环境中的室内构件	-1
永久的静水浸没环境	所有表面均永久处于静水下的构件	
非干湿交替的室内潮湿环境	中、高湿度环境中的室内构件	酌情
非干湿交替的露天环境	不接触或偶尔接触雨水的室外构件	
长期湿润环境	长期与水或湿润土体接触的构件	—
干湿交替环境	与冷凝水、露水或与蒸汽频繁接触的室内构件 地下室顶板构件 表面频繁淋雨或频繁与水接触的室外构件 处于水位变动区的构件	+1

参考文献

[5-1] 刘培桐,薛纪渝,王华东. 环境学概论. 北京:高等教育出版社,1995:17.

[5-2] 中华人民共和国住房和城乡建设部. 混凝土结构耐久性设计规范:GB/T 50476—2008. 北京:中国建筑工业出版社,2008.

[5-3] 吕清芳. 混凝土结构耐久性环境区划标准的基础研究. 杭州:浙江大学,2007.

[5-4] Ahmad S. Reinforcement corrosion in concrete structures, its monitoring and service life prediction: a review. Cement &Concrete Composites,2003,25:459-471.

[5-5] 中华人民共和国建设部. 混凝土结构设计规范:GB 50010—2002. 北京:中国建筑工业出版社,2002.

[5-6] Probabilistic performance based durability design on concrete structures//Report No. T7-01-1,General Guidelines for Durability Design and Redesign. Brussels:European Union-Brite EuRam Ⅲ,1999.

[5-7] Lay S,Schissel P,Cairns J. Probabilistic service life models for reinforced concrete structures. Germany:Technical University of Munich,2003.

[5-8] 王传坤. 混凝土氯离子侵蚀和碳化试验标准化研究. 杭州:浙江大学,2010:54-67.

[5-9] 张海燕,李光宇,袁武琴. 混凝土碳化试验研究. 中国农村水利水电,2006(8):78-81.

[5-10] 陈立亭. 混凝土碳化模型及其参数研究. 西安:西安建筑科技大学,2007:39-43.

[5-11] 蒋清野,王洪深,路新瀛. 混凝土碳化数据库与混凝土碳化分析. 北京:清华大学,1997:12.

[5-12] 牛荻涛. 混凝土结构耐久性与寿命预测. 北京:科学出版社,2003.

[5-13] 金伟良,钟小平. 结构全寿命的耐久性与安全性、适用性的关系. 建筑结构学报,2009,30(6):1-7.

[5-14] 金伟良,赵羽习. 混凝土结构耐久性. 北京:科学出版社,2002.

[5-15] 中华人民共和国建设部. 建筑结构可靠度设计统一标准:GB 50068—2001. 北京:中国建筑工业出版社,2001.

［5-16］邸小坛,周燕. 混凝土结构的耐久性设计方法. 建筑科学,1997(1):16-20.

［5-17］Söderqvist M K, Vesikari E. Generic technical handbook for a predictive life cycle management system of concrete structures (LMS). Finland:The Finnish Road Administration,2003:42-62.

［5-18］General principles on the design of structures for durability. Switzerland:International Organization for Standardization,Inc. ,2008.

［5-19］陈肇元. 混凝土结构的耐久性设计方法. 建筑技术,2003,34(5):328-333.

［5-20］Siemes T,Rostam S. Durable safety and serviceability:a performance based design format//IABSE Report 74,Proceedings IABSE Colloquium Basis of Design and Actions on Structures-Background and Application of Eurocode1. Zurich:ABSE ETH Hoenggerberg,1996:41-50.

［5-21］中华人民共和国住房和城乡建设部. 工程结构可靠度设计统一标准:GB 50153—2008. 北京:中国建筑工业出版社,2008.

［5-22］牛荻涛,董振平,浦聿修. 预测混凝土碳化深度的随机模型. 工业建筑,1999,29(9):41-45.

［5-23］中国气象局国家气象信息中心. 中国气象科学数据共享服务. ［2008-06-15］. http://cdc. cma. gov. cn/index. jsp.

6 海洋氯化物环境区划

海洋环境中的氯离子可以从混凝土表面迁移到内部,当到达钢筋表面的氯离子积累到一定浓度(临界浓度)后,就可能引发钢筋锈蚀。氯离子引起的钢筋锈蚀程度要比一般大气环境下单纯由碳化引起的锈蚀更为严重,在结构设计中要更加重视。

海洋环境一般包括海泥区、水下区、潮汐区、浪溅区、海上大气区和近海大气环境,如图6-1所示。本章按照环境分布的空间特性,将海洋环境界定为近海大气环境(水平向变化)和海洋竖向环境(垂直向变化)两种环境对象,并针对这两种环境对象进行讨论。

目前,我国对海洋竖向环境的分区基本参照《海港工程混凝土结构防腐蚀技术规范》(JTJ 275-2000)对海水环境混凝土部位划分的规定,以相对于设计高水位与设计低水位的距离作为分区的上下界[6-1,6-2]。对于近海大气环境的作用分区尚未有定论,依据经验,不同的规范给出了不同的分区标准[6-1,6-3],但分区指标却是一致的,均以离海岸距离为主导因素。也有研究给出了海洋环境的分区界定方法[6-4,6-5,6-6]。但是,目前仍然存在以下几个问题。

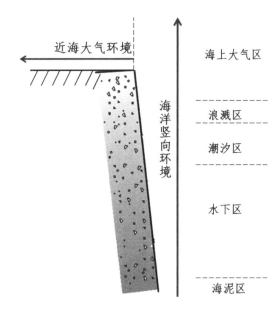

图6-1 海洋腐蚀区带示意图

(1) 规范中基于经验的定性分区尚无法使区域环境因素对结构的影响得到量化。

(2) 目前对近海大气环境的研究和数据积累较少,而研究中与环境相关的初始数据大多参照国外标准或研究结果来进行取值,没有考虑我国的环境特征(如文献[6-4])。

(3) 根据环境因素的推测性分级,也只是一种定性的分区,没有将环境对结构耐久性的作用效应进行定量化(如文献[6-5])。

(4) 以往的研究多为针对特定地区的混凝土局部环境,没有考虑到地域差异性。

(5) 尚没有建立与环境分区对应的混凝土结构耐久性设计方法体系。

本章收集国内外海洋氯离子环境的相关研究成果与数据,结合对现场实测数据的分析,讨论和确定近海大气环境与海洋竖向环境的基本环境参数和混凝土初始参数,并确定参数的分析方法和数值概率特征。基于可靠度方法建立海洋环境的混凝土耐久性预测方法,分别讨论近海大气环境和海洋竖向环境对混凝土耐久性作用效应随离海岸距离与高程变化的规律,确定环境区划指标,最终完成海洋氯离子环境下的环境区划。

6.1　基准环境与标准试件定义

6.1.1　基准环境

不同于一般大气环境的水平区域共性特征,海洋氯离子环境受海域局部环境因素的影响较为突出。一般大气环境下混凝土结构环境区划方法中先整体后局部的研究思路对于海洋氯离子环境的研究并不适用。

结合6.2.3,本章对近海大气环境和海洋竖向环境这两种环境下的参数计算与名义表面氯离子浓度的取值方法,将海洋氯离子环境的基准环境定义为:

（1）近海大气环境的基准环境取海南万宁东海岸,主要环境资料如表6-1所示。

（2）海洋竖向环境的基准环境取浙江嘉兴乍浦港区,主要环境资料如表6-2所示。

表6-1　万宁环境因素年平均值[6-7]

气温/℃	相对湿度/%	降水量/mm	盐度/‰	pH值	风速/m·s⁻¹	主要风向	平均潮差/m
24.2	86	1515	32.64	8.2	—	冬N、夏S	1.0

表6-2　乍浦环境因素年平均值[6-8]

气温/℃	相对湿度/%	降水量/mm	盐度/‰	pH值	风速/m·s⁻¹	主要风向	平均潮差/m
15.9	82	1250	10.79	8.1	3.2	冬NW、夏SE	4.69

6.1.2　标准试件

标准试件的确定原则和目的在本书5.1.2中进行了讨论,这里仅给出针对海洋氯化物环境的标准试件参数确定。

根据工程实践与耐久性的一般要求[6-2,6-9~6-15],并结合现场暴露测试结构的材料条件,对于海洋氯化物环境的研究,标准内部条件(标准试件)采用:普通硅酸盐水泥,混凝土水胶质量比w/b(这里与水灰质量比w/c相等)为0.45,混凝土保护层厚度值为40 mm,混凝土强度等级为C40,不考虑外加剂。

6.2 基于可靠度的概率预测方法

氯离子在混凝土内的传输并不仅仅是扩散作用,还有对流作用,是几种机理综合作用的结果。一般来说,以对流区深度 Δx 为临界点,可以将混凝土内氯离子的分布分为两个区段:对流区和扩散区。对于对流区,也有学者给出了一些研究成果,多是基于孔隙液的压力渗透[6-16]、毛细作用[6-17]和电渗作用[6-18]三个机理。

本章对混凝土表面氯离子浓度的取值均考虑为名义表面氯离子浓度 C_{sn}(定义见6.2.1)。因此,对氯离子在混凝土中的传输机理的考虑中仅考虑扩散作用,不考虑对流区的影响。

6.2.1 氯离子侵蚀深度预测模型

当假定混凝土材料是各向同性均质材料,氯离子在混凝土中扩散是一维扩散行为,浓度梯度仅沿着暴露表面到钢筋表面方向变化,氯离子不与混凝土发生反应时,氯离子在混凝土中的扩散行为可用Fick第二扩散定律来描述,即:

$$\frac{\partial C}{\partial t} = \frac{\partial}{\partial x}\left(D\frac{\partial C}{\partial x}\right) \tag{6-1}$$

式中:C 为氯离子浓度(%),常用混凝土中的氯离子质量与混凝土中胶凝材料质量的比值表示,或用混凝土中的氯离子质量与混凝土质量的比值(%)表示,t 为时间(s),x 为位置(mm),D 为扩散系数(mm^2/s)。

假定,①混凝土表面氯离子浓度恒定, $C\Big|_{x=0}^{t>0}=C_s$;②在任一时刻,相对暴露表面的无限远处的氯离子浓度为初始浓度,即 $C\Big|_{x>0}^{t=0}=C_0$, $C|_{x=\infty}=C_0$;③扩散系数 D 不随距混凝土表面的深度、暴露/试验时间变化。对式(6-1)做Laplace变换,求得其解析解为[6-19]:

$$C(x,t) = C_0 + (C_s - C_0)\cdot\left[1 - erf\frac{x}{2\sqrt{D(t-t_{exp})}}\right] \tag{6-2}$$

式中:$C(x,t)$ 为距混凝土表面 x 处的氯离子浓度;C_s 为混凝土表面氯离子浓度;C_0 为混凝土内初始氯离子浓度;D 为混凝土的氯离子扩散系数;t 为混凝土龄期;t_{exp} 为混凝土表面开始接触氯离子环境时的龄期;$erf(z)$ 是高斯误差函数。

不同于假定的恒定值,氯离子扩散系数是一个随时间、不同深度处的氯离子浓度、混凝土对氯离子的结合作用以及温度与自然条件等因素变化着的值。引入结构从开始暴露到检测时扩散系数的均值,混凝土的表观扩散系数 D_a,并假定在式(6-2)中,混凝土内初始氯离子浓度 $C_0=0$;环境作用年限相对于混凝土结构开始接触氯离子环境时的龄期要长得多,即 $(t-t_{exp})\gg t_{exp}$,这时式(6-1)的解析解可写为:

$$C(x,t) = C_s \cdot \left[1 - erf\frac{x}{2\sqrt{D_a t}}\right] \tag{6-3}$$

Fick第二定律是解决氯离子在混凝土中扩散的经典方法,式(6-3)被广泛用于氯离子侵入混凝土内部时,混凝土中氯离子含量随距离混凝土表面深度分布曲线的预测和拟合计算。

氯离子在混凝土中的扩散受到水泥材料水化程度、物理化学作用对氯离子的结合作用、相应深度处氯离子浓度等的影响,以及温度和湿度的改变对氯离子在混凝土中的扩散能力也有很大的影响。目前已有很多对各种机理和各种影响因素综合考虑的氯盐侵蚀模型,通过引入更多的系数或是变量来实现对不同影响因素的全面考虑。但是,模型中考虑的参数越多,可能导致的累积误差就越大,加上模型中的一些参数很难确定,一般只靠经验取值,有些只能从定性上加以描述,其实用性还需继续探讨。在以划分影响结构耐久性的环境的严重程度为目的的环境区划工作中,应尽可能突出不同暴露环境状况对标准试件耐久性的作用程度,模型中对影响结构耐久性的结构内在因素的考虑宜少且精。

结合研究工作的针对性,应用于区划的氯离子侵蚀模型采用式(6-3)。对模型中的参数确定,主要考虑不同地区暴露环境条件的变化对氯离子侵蚀作用的影响方面,将不同环境因素合理考虑到预测模型中。

6.2.2　耐久性极限状态与可靠指标

基于5.2.3中对于混凝土结构耐久性极限状态和可靠指标的总体性讨论,对于氯离子侵蚀环境下的极限状态与可靠指标确定如下。

结构设计的极限状态,一般不考虑构件的开裂[6-20],对于氯离子作用下结构的耐久性极限状态标志取为钢筋表面氯离子浓度达到钢筋去钝化临界浓度C_{cr}[6-21],即

$$p_f = p(C_{(x=d_{cover})} - C_{cr} \geqslant 0) \leqslant \Phi(-\beta) \tag{6-4}$$

式中:p_f为耐久性失效概率;d_{cover}为保护层厚度(mm);β为对应于耐久性极限状态的可靠指标,取为$\beta = 1.5$,即预测实际条件下具有近似95%保证率的指标值。

根据已经确定氯离子侵蚀深度预测模型(6-3)与确定的耐久性极限状态与可靠指标式(6-4),引入环境与材料分布特征,即可预测得到满足目标可靠度的、指定极限状态下的指标值。

6.2.3　表面氯离子浓度C_s

氯离子在混凝土中的传输机理很复杂,但在大多数情况下,扩散仍然被认为是一个主要的传输方式。氯离子向混凝土内部的扩散是由氯离子的浓度差引起的。表面氯离子浓度越高,内外部氯离子浓度差就越大,扩散至混凝土内部的氯离子就会越多。因此,混凝土的表面氯离子浓度是在氯离子环境作用下进行耐久性设计、预测和评定的重要参数。

6.2.3.1 海洋竖向环境分析

为了研究海洋竖向环境混凝土结构的氯离子侵蚀规律,依托国家重大工程项目"杭州湾跨海大桥混凝土结构耐久性长期性能研究"及国家自然科学基金重点项目"氯盐侵蚀环境的混凝土结构耐久性设计与评估基础理论研究",作者课题组自2006年至今对嘉兴乍浦港区码头(以下简称乍浦港)一期二泊位南岸(1-2S)和北岸(1-2N)、二期一泊位北岸(2-1N)、二期四泊位南岸(2-4S)、三期一泊位南岸(3-1S)的混凝土分区域(大气区、浪溅区、潮汐区,水下区由于条件限制未能检验)进行了氯离子含量的检测和试验。检测方案中对海洋竖向环境分区参照《水工混凝土结构设计规范》(SL 191—2008)[6-1]对海洋环境的区域划分方法,预先确定乍浦港的混凝土结构部位所处环境,设定不同分区检测点。并对海洋竖向环境混凝土中氯离子随高程变化的竖向侵蚀规律进行研究,选取一期二泊位(1-2)、二期一泊位北岸(2-1N)和二期四泊位(2-4)的混凝土结构,大致按0.5 m的间距,沿结构竖向进行了检测和试验。本章的数据来源为从2006年3月至2008年1月五次取粉约215条曲线的混凝土中氯离子含量随侵蚀深度的检测与试验结果。

1. 工程环境与检测参数

乍浦港从陈山码头到杭州湾跨海大桥,海岸线全长12 km,地处我国东部沿海,属亚热带季风气候,气候温和湿润。乍浦港的主要水文气象等环境特征如表6-3[6-22]。

根据潮位资料,乍浦港的环境分区为(吴淞高程基准,下同):大气区＞＋6.6 m,浪溅区＋4.1 m～＋6.6 m,潮汐区－1.8 m～＋4.1 m,水下区＜－1.8 m。现场检测试验根据环境分区和工程结构与构件实际情况在各泊位处选择检测点,在检测过程中,由于工程结构和构件实际情况的制约,个别测点的高程略有浮动,但均尽量接近目标检测高程。大气区:检测目标为泊位2-1、2-4与3-1,检测高程定为＋7.6 m;浪溅区:检测目标为泊位1-2、2-1、2-4与3-1,检测高程定为＋5.25 m;潮汐区:检测目标为泊位1-2、2-1、2-4,检测高程定为＋2.3 m。

沿高程变化的竖向检测:检测目标为泊位1-2、2-1、2-4,检测高程为＋1.3 m～＋5.8 m,竖向按0.5 m的间距现场钻孔取粉,研究氯离子对混凝土侵蚀结果随高程的竖向变化规律。

对作为检测对象的乍浦港相关泊位和泊位相关取样部位的材料参数与服役年限资料进行调查,现场检测时混凝土结构的暴露时间如表6-4,混凝土的配合比如表6-5。从表6-5可以看出,不同泊位与检测区域的胶凝材料类型、外加剂与掺合料情况存在差异。考虑到混凝土配合比资料较为笼统,并且数据从检测区域、检测时间和构件类型上都存在着多样性。因此,本章在对数据进行分析时,将数据进行整合,材料方面的因素仅将混凝土的水胶比作为关键参数进行考虑而不专门对其他因素,诸如外加剂和掺合料等的影响进行分析。

现场检测采用冲击钻钻孔取粉。对于取粉深度,结合取粉实际情况确定如下:①大气区环境侵蚀作用较弱,混凝土中氯离子侵蚀深度较浅,取粉深度定为 5 cm,采用 5 mm 的取样间隔,共分为 10 个取样区段;②对于浪溅区、潮汐区和沿高程变化的检测,氯离子侵蚀作用较强,混凝土中氯离子的侵蚀深度较深,但考虑到泊位 2-4 和泊位 3-1 暴露时间较短,对于泊位 1-2 和泊位 2-1 钻孔深度定为 7 cm,分 10 个取样区段,采用等间距 7 mm,对于泊位 2-4 和泊位 3-1 钻孔深度定为 5 cm,亦分 10 个取样区段。对于取得的粉样,在实验室内利用 RCT(Rapid Chloride Test)测试仪测出每个区段粉样中游离(水溶)氯离子含量。氯离子含量的测试结果,以占混凝土重量的百分数(%con,下同)表示。

表6-3　乍浦气象与水文特征统计表

内容	指标	统计值	备注
水质	pH值	7.8～8.1	
	Cl⁻浓度/ppm	5602～5864	
气温	历年平均气温/℃	15.9	
	最热月平均气温/℃	28.0	7月
	最冷月平均气温/℃	3.9	1月
相对湿度	年平均	82	
	月最大	85	6月
	月最小	79	12月
降水	年平均降水量/mm	1250.4	降水多集中在 4～9 月,占全年降水量的67%
	年平均降雨日数(≥0.1mm)/d	139.7	
风况	年平均风速/m·s⁻¹	3.2	夏季盛行东南风,冬季盛行西北风
	常风向	E、SE、ESE	
潮位	历年平均潮位/m	2.18	
	历年平均高潮位/m	4.40	
	多年平均低潮位/m	−0.29	
	平均潮差/m	4.69	
	设计高潮位	5.10	10%高潮累积频率潮位
	设计低潮位	−0.80	90%底潮累积频率潮位

注:潮位基面为吴淞高程基准。

表6-4　现场取样暴露时间

检测部位	现场检测时间				
	2006年3月	2006年6月	2006年10月	2007年4月	2008年1月
一期二泊位	184	187	191	197	206
二期一泊位	48	51	55	61	70

续表

检测部位	现场检测时间				
	2006年3月	2006年6月	2006年10月	2007年4月	2008年1月
二期四泊位	17	20	24	30	—
三期一泊位	17	20	24	30	—

表6-5　混凝土配合比

方位	区域	构件	混凝土标号	水泥标号	水胶比	外加剂	掺合料
1-2S	大气区	立柱	C25	P.S 42.5	0.45	—	—
	浪溅区	立柱		P.S 42.5	0.45	—	—
	潮汐区	立柱		P.S 42.5	0.45	—	—
1-2N	大气区	立柱	C25	P.S 42.5	0.45	—	—
	浪溅区	立柱		P.S 42.5	0.45	—	—
	潮汐区	下横梁		P.O 52.5	0.45	—	—
2-1N	大气区	上纵梁	C40	P.O 42.5	0.40	0.3%P621-C	1kg/m³增强纤维
	浪溅区	立柱		P.O 42.5	0.40	0.3%P621-C	—
	潮汐区	柱帽		P.O 42.5	0.40	0.3%P621-C	—
	混凝土墙			P.O 42.5	0.40	0.3%P621-C	1 kg/m³增强纤维
2-4N	大气区	立柱	C40	P.O 42.5	0.55	0.5% P621-C	0.9 kg/m³增强纤维
	浪溅区	立柱		P.O 42.5	0.55	0.5% P621-C	0.9 kg/m³增强纤维
	潮汐区	立柱		P.O 42.5	0.55	0.5% P621-C	0.9 kg/m³增强纤维
3-1N	大气区	立柱	C40	P.Ⅱ 42.5	0.52	0.5% P621-C	0.25 kg/m³粉煤灰
	浪溅区	立柱		P.Ⅱ 42.5	0.48	0.6% P621-C	0.27 kg/m³粉煤灰
	潮汐区	横梁		P.Ⅱ 42.5	0.48	0.6% P621-C	0.27 kg/m³粉煤灰

注：砂选用中砂,在Ⅱ级配区;粗骨料最大粒径不超过20 mm;增强纤维为19 mm混凝土增强纤维。

2. 检测结果与分析

（1）大气区、浪溅区与潮汐区。

获得混凝土中不同深度的氯离子含量后,绘制混凝土氯离子含量随距混凝土表面深度的变化曲线如图6-2所示。

由于数据的离散性,不能根据单一的侵蚀曲线得出规律性的结论,而诸多烦冗的数据也不易区分和梳理。图6-2中并未逐一罗列检测所得的氯离子侵蚀曲线,而是将同一泊位相同暴露条件下(相同暴露区域、相同标高、相同暴露时间)的氯离子侵蚀曲线进行平均化,所以图6-2中各泊位每条侵蚀曲线中的数据点均为2~8条曲线对应数据点的平均值,用以反映混凝土中氯离子不同区域、不同配比、不同暴露时间上的侵蚀差异与侵蚀规律。图中编号为检测参数,分三部分:中间部分"AZ、SP、TZ"依次表示"大气区、浪溅区、潮汐区",前面部分表示泊位,后面数字表示暴露时间(以月表示)。如"2-1AZ48"表示检测参数为二期一泊位、大气区、暴露时间为48个月。更为详细的检测数据请参见文献[6-23]和文献[6-24]。

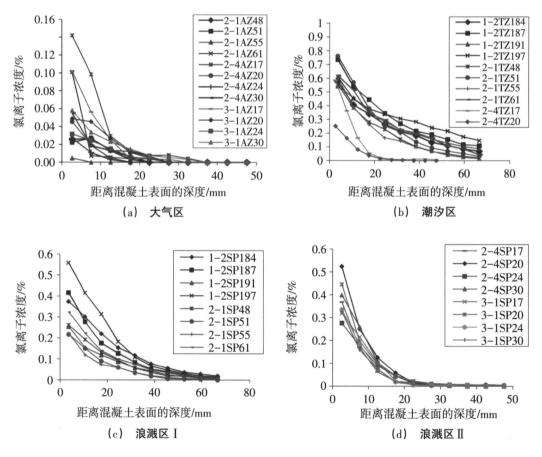

图6-2　氯离子含量随深度的分布

从图6-2可以看出：

一是暴露区域总体差别：①大气区数据较为离散，浪溅区数据规律性最好；②大气区表面氯离子较潮汐区、浪溅区偏小，约一个数量级，侵蚀深度最浅，约为2.5 cm；③潮汐区侵蚀最为严重，混凝土表面氯离子含量为三个区域最高，基本在0.5%～0.8%，侵蚀深度也最深，超过7 cm，且距混凝土内部不同深度处的氯离子含量均较大，即氯离子向混凝土内部的传输量最多；④浪溅区的侵蚀作用程度居中，表面氯离子浓度基本在0.25%～0.55%，服役时间较长的泊位1-2和2-1混凝土中的氯离子侵蚀深度较服役时间较短的泊位2-4与3-1为深，但均比潮汐区中混凝土的侵蚀深度要浅。

二是侵蚀深度与暴露时间：①图6-2b中，暴露时间较长的泊位1-2与2-1的混凝土中氯离子的侵蚀特别严重，且泊位1-2的混凝土中氯离子侵蚀深度大于2-1；水胶比远大于两者的泊位2-4，由于暴露时间较短，其混凝土中氯离子的侵蚀深度及混凝土表面氯离子含量较低。②图6-2c中，泊位1-2与2-1中混凝土的氯离子侵蚀深度大于图6-2d中暴露时间较短的泊位2-4与3-1。③图6-2b与图6-2c中，暴露时间较长的泊位1-2中混凝土中氯离子的侵蚀严重程度较泊位2-1为甚，混凝土内部氯离子含量较泊位2-1为多。④图6-2d中，同处于浪溅区的泊位2-4与泊位3-1的混凝土表面氯离子含量与混凝土中氯离子侵蚀深度均相差不大，这是由于两者具有相同的暴露时间与相近的水胶比。⑤从图6-2的四幅图中均可以看出，2007年4月各泊位混凝土内相同深度处的氯离子含量大于2006年测得的。

三是表面氯离子含量与水胶比：①图6-2a中，对于大气区，泊位2-1的混凝土表面氯离子含量及侵蚀深度均小于泊位2-4与3-1，而其暴露时间为后两者的两倍。这应是由于泊位2-1的低水胶比：泊位2-1的水胶比仅为0.4，而泊位2-4与3-1分别为0.52和0.55。②图6-2c与图6-2d中，泊位1-2与2-1和泊位2-4与3-1的表面氯离子浓度总体相近，而后两者的暴露时间远小于前两者。③图6-2c中，泊位1-2与泊位2-1的混凝土表面氯离子含量的均值之比接近两者水胶比之比（0.45/0.40），即近似与水胶比成正比，而由于泊位2-1暴露时间较短且水胶比较小（混凝土氯离子扩散系数小），混凝土内部氯离子的含量与侵蚀深度均较小。④图6-2d中，对于有相同水胶比与暴露时间的泊位2-4与3-1，混凝土表面氯离子平均含量基本相同。上述几点差异也说明了两点：a）水胶比越大，氯离子在混凝土表层的积累速度越快；b）氯离子向混凝土内部的扩散速度稍滞后于表面氯离子含量的积累速度。

四是表面氯离子含量与季节变化：考虑取粉时间为2006年的3月、6月、10月，分别代表春季、夏季、秋季。从四幅图中可以看出，相同泊位、相同暴露区域中夏季混凝土中氯离子含量均最高，而春秋季较为接近，但均比夏季低。这是因为夏季温度的升高和频繁的浪溅作用（干湿作用）。

五是表面氯离子含量与暴露区域：对于大气区（图6-2a）与浪溅区（图6-2c与图6-2d）混凝土表面氯离子含量与水胶比符合一般性规律：稳定后表面氯离子含量随混凝土水胶

比的增大而增加,水胶比越大,表面氯离子累积速率越快。而在潮汐区(图6-2b)中,对比
泊位1-2与泊位2-1,虽然泊位2-1暴露时间较短、水胶比较小,但两者混凝土的表面氯离
子含量相似。这是由于潮汐区强烈的干湿交替循环:一方面氯离子很快向混凝土内部传
输,另一方面在反复的干湿循环机制作用下混凝土表面氯离子含量维持在一个相对稳定
的动态水平。不同配合比的混凝土对潮汐区氯离子侵蚀作用的抵抗能力主要反映在混凝
土内部氯离子的含量与侵蚀深度方面。

(2)沿高程变化的竖向检测。

相同高程处混凝土中氯离子含量随深度变化的检测曲线见图6-3a与b,混凝土中不
同深度处氯离子含量随高程变化的检测曲线见图6-3c与d。图中仅给出了一期二泊位
(1-2)和二期一泊位(2-1)的检测数据,二期四泊位(2-4)由于暴露时间较短,数据较为零
散,这里没有列出。各曲线为2006年6月与10月、2007年4月、2008年1月检测曲线的平
均曲线,其中2006年10月现场取粉时,为求相互验证,分别在距离混凝土结构边缘50 cm和
100 cm处进行混凝土中氯离子含量分布竖向分布曲线的检测。图中不同泊位的检测曲线分
别为该泊位现场实测曲线在相应深度处样本点的平均值。

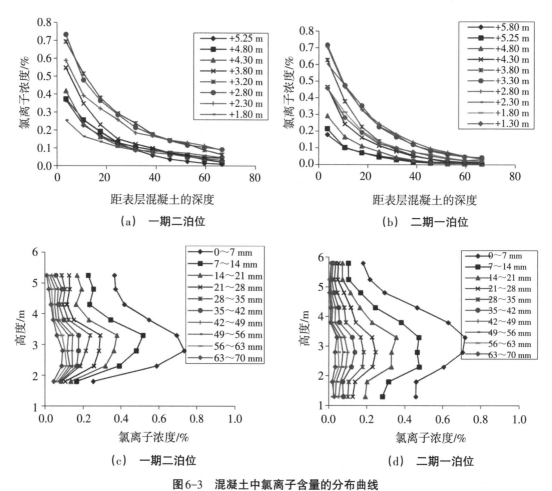

图6-3　混凝土中氯离子含量的分布曲线

从图6-3a与b中可以看出：①对于在高程为+4.3 m以下部位（属潮汐区）检测得到的氯离子含量分布曲线，泊位1-2与泊位2-1混凝土表面氯离子含量水平相似，基本在0.45%～0.75%。②对于高程在+4.8～+5.8 m范围（属浪溅区）的氯离子含量分布检测曲线，泊位1-2的表面氯离子含量较泊位2-1大。③泊位1-2中混凝土内部氯离子的侵蚀深度和相同深度处的氯离子含量均较泊位2-1大。这都与图6-2中所得结论类似，进一步印证了检测结果的有效性。

从图6-3c与d中可以看出：①两个泊位混凝土中相同深度处的氯离子含量均随高程的增加而表现出先增大后减小的规律，尤以表面氯离子含量随高程变化最为显著，表现出单峰曲线的分布形式。②在高程+2.3～+3.8 m，混凝土中氯离子侵蚀最为严重，为混凝土结构耐久性设计应着重考虑的关键区段。

（3）表面氯离子浓度随高程的变化规律。

对于检测数据利用Fick第二定律简化解析式(6-3)，进行曲线拟合，称拟合所得的表面氯离子浓度为名义表面氯离子浓度，以符号C_{sn}(sn,surface nominal)表示，称检测所得混凝土表层一定深度内的平均氯离子含量为实测表面氯离子含量，以符号C_{sa}(sa,surface average)表示，大气区记为距离混凝土面层5 mm深度内的平均含量，即可看作是2.5 mm深度处的含量值；潮汐区和浪溅区记为距混凝土面层7 mm深度内的平均含量（少量取粉间隔为5 mm的点也按7 mm统一考虑），即可看作是3.5 mm深度处的含量值。对检测得到的200余条混凝土中氯离子含量随距离混凝土表面深度的分布曲线进行曲线拟合，得到混凝土名义表面氯离子浓度C_{sn}与混凝土表观扩散系数D_a。D_a将在5.3.4对龄期系数讨论的具体分析中涉及，这里仅对名义表面氯离子浓度做详细阐述。

LIFECON[6-10]给出了混凝土表面氯离子浓度与水胶比的线性变化。然而，对图6-2与图6-3中检测数据的分析发现，水胶比对混凝土表面氯离子浓度的影响在不同高程表现出不同的特点，尤其在干湿交替频繁的区域，水胶比的影响并不显著。暴露时间、水胶比、环境等因素对于各泊位不同区域混凝土表面氯离子含量的影响非常复杂，因素之间的相对影响程度也难以量化。而且，国标(GB/T 50476—2008)[6-25]对于海洋氯化物环境中水胶比的规定值最大不超过0.42，检测各泊位的水胶比分别为0.45(BN1-2)、0.40(BN2-1)，且以BN1-2的检测数据最多。研究也表明，稳定后的混凝土表面氯离子含量与水胶比成正比[6-26]。基于以上考虑，对表面氯离子浓度的分析中不考虑混凝土配合比的差异，以BN1-2与BN2-1的对应高程处的检测数据作为海洋环境下混凝土结构耐久性设计中表面氯离子浓度的设计建议值。建议值的水胶比基准基本大于海洋氯化物环境中的混凝土水胶比设计要求，是一个偏为保守的建议值。

综合BN1-2和BN2-1检测数据，混凝土名义表面氯离子浓度C_{sn}随高程的分布规律如图6-4所示，图中每个数据点均为泊位1-2与泊位2-1中所有对应数据的平均值。

从图6-4中可以看出，混凝土名义表面氯离子浓度C_{sn}随高程的分布存在着一定的分布规律，这种规律在文献[6-27]对实测数据随高程的变化规律描述时也有说明。通过拟

合分析,对图6-4中C_{sn}随高程的变化规律可用下式表示:

$$C_{sn}=0.266+0.4891\cdot\exp\left[-\left(\frac{h-3.146}{1.198}\right)^2\right] \tag{6-5}$$

式中:h表示高程(m),对应于吴淞高程基准。

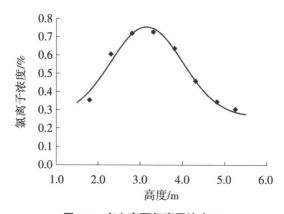

图6-4　名义表面氯离子浓度C_{sn}

（4）表面氯离子浓度的统计特征。

对于混凝土表面氯离子浓度统计特征的分析,采用对大气区、浪溅区和潮汐区固定标高处检测所得的大量数据点,针对不同的区域进行表面氯离子浓度概率度分布特征的分析。

从各泊位在三个不同区域的检测结果可以看出,各泊位混凝土的表面氯离子含量在不同暴露区域表现出不同的区域性特征:①在大气区表现出显著的水胶比影响;②在浪溅区,暴露时间较长的泊位1-2与2-1的混凝土表层平均氯离子含量的差异可以理解为水胶比差异的影响,而暴露时间较短且水胶比相近的泊位2-4与3-1的混凝土表面氯离子含量相近;③在潮汐区,混凝土中各泊位的表面氯离子含量泊位1-2与2-1相似,泊位2-4则低于两者;④在不同的检测时间,混凝土表面氯离子含量随时间的变化基本表现为随季节的波动,这一方面可能是因为取粉时间间隔相对于暴露年限仍旧较短,从另一个层面也可以理解为表面氯离子含量随时间的累积已趋于相对稳定,故而随季节的变化显出主导作用。

对于拟合得到的混凝土名义表面氯离子浓度C_{sn}与实测混凝土表面氯离子含量C_{sa}进行统计分析,给出各区域的频率直方图如图6-5(图中M表示平均值,V代表方差)所示。大气区、浪溅区、潮汐区的混凝土名义表面氯离子浓度C_{sn}与实测表面氯离子含量C_{sa}均较好服从对数正态分布。

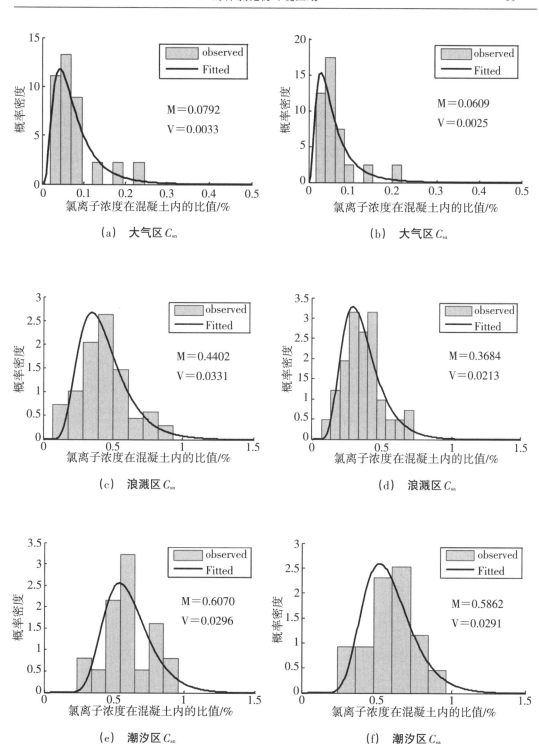

图6-5 表面氯离子浓度概率密度分布

　　根据上述分析,分别给出名义表面氯离子浓度 C_{sn} 的两种特征值 $C_{sn}+1.3\sigma$(10%超越概率)和 $C_{sn}+1.645\sigma$(5%超越概率),如表6-6所示,包含分布参数和一定分位数的参考值。其中,大气区的数值由于离散性较大,数据数量较少,仍需要进一步考虑。

表6-6　名义表面氯离子浓度 C_{sn}(%)

环境分区	平均值 C_{sn}	标准差 σ	设计参考值 I $C_{sn}+1.3\sigma$	设计参考值 II $C_{sn}+1.645\sigma$
潮汐区	0.61	0.17	0.83	0.89
浪溅区	0.44	0.18	0.67	0.74
大气区	0.08	0.05	0.13	0.14

　　(5)名义表面氯离子浓度与实测表面氯离子含量的关系。

　　混凝土表层由于受外界条件变化的影响,如冲刷等,检测数据的离散性往往较大,作用机理也不是纯扩散,还存在对流、毛细等作用,该区段通常称为对流区。用于混凝土结构耐久性预测与评定的混凝土表面氯离子扩散系数,应为对检测数据利用Fick第二定律进行拟合所得到的表面氯离子浓度数值,即名义表面氯离子浓度 C_{sn}。图6-6为混凝土中氯离子含量实测数据随深度分布与使用Fick第二定律进行拟合的典型曲线。从中可以看出 C_{sn} 与实测表面氯离子含量 C_{sa} 的差异。

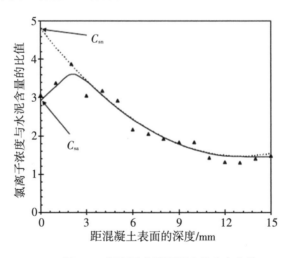

图6-6　氯离子含量随深度的分布曲线

　　很多学者开展了混凝土对流区深度、对流区氯离子输运机理的研究,以求能够客观真实地反映氯离子对混凝土的侵蚀效应。然而,对于工程应用来讲,如果能直接给出用于计算的混凝土表面氯离子浓度初始值,而不必借助于大量数据的检测或者计算,则更具有工程意义。

　　本章在对海洋竖向环境中大量实测数据的拟合分析中发现,拟合所得的混凝土名义

表面氯离子浓度 C_{sn} 与实测表面氯离子含量 C_{sa} 存在着统计上的规律。定义 k_{sn} 为:

$$k_{sn}=\frac{C_{sn}}{C_{sa}} \tag{6-6}$$

由于大气区的检测数据较少,这里仅对浪溅区与潮汐区的检测数据进行分析。与四个泊位检测数据对应的 k_{sn} 的概率密度分布如图6-7所示。可以看出,比例系数 k_{sn} 分布较为集中,即 C_{sn} 与 C_{sa} 存在很好的统计关系,且服从正态分布。

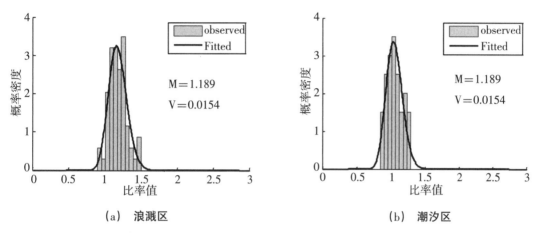

(a)　浪溅区　　　　　　　　　　　　　　(b)　潮汐区

图6-7　k_{sn} 的概率密度分布

据此分别给出浪溅区与潮汐区的 k_{sn} 的特征参数与两种特征值 $k_{sn}+1.3\sigma$ (10%超越概率)和 $k_{sn}+1.645\sigma$ (5%超越概率),如表6-7所示。根据表6-7与式(6-6),只需知道实测表面氯离子含量 C_{sa},即可得到用于计算和设计的名义表面氯离子浓度 C_{sn}。

表6-7　k_{sn} 的分布参数与参考值

环境分区	平均值 k_{sn}	标准差 σ	设计参考值 I $k_{sn}+1.3\sigma$	设计参考值 II $k_{sn}+1.645\sigma$
潮汐区	1.05	0.12	1.20	1.25
浪溅区	1.19	0.12	1.34	1.38

6.2.3.2　近海大气环境分析

对于近海大气环境盐雾腐蚀的研究,之前多集中于金属的腐蚀研究,包括建立大气腐蚀试验站、对金属腐蚀速率的研究等[6-28]。对于近海大气环境下混凝土结构的系统研究还较少。虽然通过对在役结构的检测积累了一些定量的数据,如浙江大学调研获得浙江省几个县市数条公路的结构试验与耐久性检测数据,深圳电厂及海洋馆的调查数据[6-29],秦皇岛四条在役钢筋混凝土桥梁的检测数据[6-30],等,但由于缺少离海岸距离的具体数据,无法用于研究近海大气环境下混凝土表面氯离子浓度随离海岸距离的变化关系。我国近海大气环境下混凝土表面氯离子浓度随离海岸距离的变化尚未有普遍性的建议值。

（1）大气盐雾沉降量。

近海大气环境中的盐雾来自海洋中的海浪，故盐雾的组成与海水相似，海水的盐度越高，则盐雾中的盐分也越高。影响近海大气中盐雾含量的因素是多方面的，除了海水的盐度以外，主要的有气候条件（风向、风速、湿度等）和自然环境（海岸线地貌、离海岸距离等）两个方面因素的影响，而这两方面诸多因素中，离海岸距离最为主要且与风速的大小有很大关系[6-31,6-32]。

对于近海大气环境中的盐雾沉降量与离海岸距离的关系的研究一般通过实测不同距离处的盐雾沉降量，建立沉降量随距离变化关系的经验公式来进行[6-33,6-42]。然而，这样的经验公式的针对性太强，对于其他具有不同环境特征的地区并不一定适用。为了能够考虑普遍性的现象与复杂的影响因素[6-34,6-35]，有学者以风速、离海岸距离以及沉降速率为主要参数，建立了基于进程的较为通用的盐雾沉降量的数学模型，然而由于参数的确定对于数据量有较大的需求，而通常较难应用。

广州电器科学研究所[6-36,6-37]对我国东南沿海十多个地区空气中的盐雾含量和盐雾沉降量做过多次测量，结果表明两者均与测点距离海岸的远近有关。但测点离海岸距离基本在 2 km～50 km，对较近距离内的盐雾变化规律未有反应。

图6-8为法国（温带海洋性气候）[6-38]、尼日利亚[6-39]（热带季风气候）、古巴[6-40]（热带雨林气候）、西班牙[6-38]（温带地中海气候）、巴西[6-41]（热带雨林气候）以及中国万宁[6-42]（热带季风气候）和中国舟山[6-43]（亚热带季风海洋型气候）在离海1500 m范围内的 Cl⁻沉降量[以 $mg/(m^2 \cdot d)$ 表示]与离海岸距离的关系。从图6-8中可以看出：①除中国万宁与中国舟山在岸线附近的两测点没有明显变化外，其他地区变化规律相似，均在距岸线两三百米范围内迅速衰减，并在距海岸1000 m以外逐渐趋于稳定；②古巴与巴西同属热带雨林气候，氯离子沉降量表现为岸线附近相同，在随离海岸距离的衰减程度上巴西大于古巴；③尼日利亚与中国万宁同属于热带季风气候，两者在距岸线200 m附近的氯离子沉降量相差不大，随着离海岸距离的增加，万宁的衰减程度大于尼日利亚；④法国与西班牙的氯离子沉降量相差甚远，这一定程度上取决于两者的地形特征，西班牙地理环境复杂，以山地和高原为主，法国则整体地势较低，两者平均海拔相差400 m。可以看出，同一气候类型的不同地区的相同距离处的氯离子沉降量实测值，以及其随距离的衰减规律都有差别。

（2）表面氯离子浓度随离海岸距离的变化规律。

在近海地带盐雾区，受盐雾作用，氯离子在混凝土结构表面积聚并侵入内部，对混凝土结构造成耐久性破坏。一些研究给出的混凝土表面氯离子浓度随离海岸距离的变化规律与盐雾沉降量随离海岸距离的变化规律相似，即在距海岸数百米范围内混凝土表面的氯离子浓度迅速减小，并在距海岸一定范围内达到稳定，混凝土受侵蚀的特征开始与正常大气环境一致[6-44,6-45]。

图6-9为混凝土表面氯离子浓度随离海岸距离的变化关系，包括对暴露试件和结构混凝土氯离子累积的测量数据[6-5,6-46]、表面氯离子浓度与离海岸距离的经验公式[6-44]、相关规

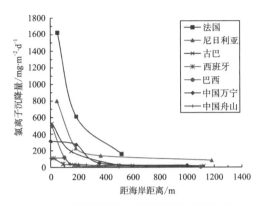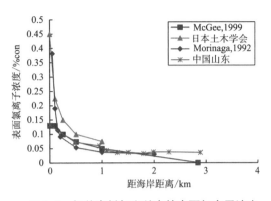

图6-8 氯离子沉降量和离海岸距离的关系　　图6-9 相关资料与文献中的表面氯离子浓度
和离海岸距离的关系

范建议取值[6-47]（对于氯离子浓度统一用占混凝土质量的百分比表示，换算中设每方混凝土质量约为2300 kg，胶凝材料质量约400 kg，下同）。从图6-9中可以看出：①混凝土表面氯离子浓度基本有相似规律，在同一距离处的数值也较为相近，并且在距离海岸200 m范围内迅速衰减；②与图6-8中中国万宁与中国舟山近海氯离子沉降量随离海岸距离的变化规律相似，中国山东的实测表面氯离子浓度随离海岸距离的变化规律也较为平缓，在海岸附近的表面氯离子浓度值也较低。这说明了混凝土表面氯离子浓度与氯离子沉降量存在着对应关系。

　　鉴于近海大气环境下混凝土表面氯离子浓度的暴露数据非常有限，建立混凝土氯离子浓度与相应离海岸距离处氯离子沉降量之间的关系，根据氯离子沉降量的实测数据推算混凝土表面氯离子浓度是非常有意义的。

　　Meria等[6-48]选择实际暴露的方法，在巴西东北部的诺昂佩索阿（热带雨林气候）选择距离海岸分别为10 m、100 m、200 m、500 m和1100 m的距离，用湿蜡法（Standard Test Method for Determining Atmospheric Chloride Deposition Rate by Wet Candle Method G14）测量大气中的氯离子干沉降，并进行了相应的暴露试验，建立了大气氯离子沉降量与混凝土中氯离子积累的关系：

$$C_{\max}=C_0+k_{C_{\max}}\sqrt{D_{ac}} \tag{6-7}$$

式中：$C_{\max}$为氯离子侵蚀曲线的最大氯离子含量；C_0为混凝土中的初始氯离子含量；$k_{C_{\max}}$为与环境和材料相关的系数；D_{ac}为氯离子随时间的累积沉降量（g/m²）。

　　参照公式（6-7），取$k_{C_{\max}}$为0.0026[6-48]，并认为近海环境下大气区混凝土表面氯离子浓度在30年达到稳定[6-49,6-50]，假定不存在初始氯离子含量，计算万宁地区与舟山地区的混凝土表面氯离子浓度，并与山东实测数据对比，见图6-10。

　　较为保守的选取处于热带季风气候的中国万宁地区的数据作为中国近海大气环境下混凝土表面氯离子浓度的分析依据，建立表面氯离子浓度C_s随离海岸距离d(km)变化的关系式：

$$C_s = 0.093/(d+0.4102) \tag{6-8}$$

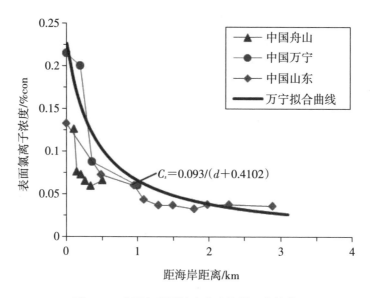

图6-10　表面氯离子浓度和离海岸距离的关系

6.2.3.3　区划工作中 C_{sn} 的取值

本章在海洋氯离子环境的区划工作中需要同时考虑海洋竖向环境与近海大气环境下混凝土名义表面氯离子浓度的取值。

（1）表面氯离子浓度的时变性。

与氯盐环境接触后，环境中的氯离子与混凝土产生相互作用，混凝土的表面氯离子浓度需要一定时间的积累才能达到稳定值。有不少学者对混凝土表面氯离子浓度的时变性进行了研究，并提出了相关的变化模型[6-53]。

文献[6-54]根据混凝土表面氯离子浓度 C_s 随时间变化的指数关系模型，$C_s = C_0(1-e^{-rt})$，基于Fick第二定律预测了考虑表面氯离子浓度时变性与假定表面氯离子浓度恒定两种环境条件下，不同保护层厚度 d 条件下的钢筋混凝土结构的初锈时间 t，如图6-11所示。其中假定扩散系数取为 4×10^{-6} mm²/s，对稳定后的表面氯离子浓度 C_0 考虑了高（69.82 N/m³）和低（23.27 N/m³）两种浓度水平。

从图6-11中可以看出：①当考虑混凝土表面氯离子浓度的时变性时，结构的初锈时间 t 要较将表面氯离子浓度视为恒定值（取为稳定后的表面氯离子浓度）时的结构初锈时间；②对于相同材料条件（例如扩散系数）和环境条件（环境氯离子浓度）两者相差一个常数，图中约差3～5年。

海洋环境，包括近海大气环境、海上大气环境、浪溅区、潮汐区和水下区等，环境条件非常复杂多样。不同的区域有不同的腐蚀环境，若要逐一考虑不同分区的累积时变效应，是非常复杂的。

本章在对海洋氯离子环境的研究中,仅将这种差别视为一种安全余度,将混凝土表面氯离子浓度视为恒定值,即不考虑其时变性。

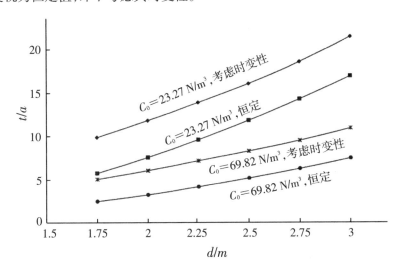

图6-11 初锈时间随保护层厚度的变化曲线

(2) 海洋竖向环境。

名义表面氯离子浓度随高程的变化规律,按式(6-5)取用。概率分布特征参照表6-6,服从对数正态分布,变异系数统一取为0.40。

由于对式(6-5)拟合时,所用实测数据的高程h的范围为1.8~5.25 m,考虑混凝土表面氯离子浓度随高程的变化时:对于没有数据覆盖的区域统一按式(6-5)考虑,如图6-12所示,对向上和向下的区域进行扩展。

(3) 近海大气环境。

近海大气区混凝土表面氯离子浓度随离海岸距离的变化规律见式(6-8)。由于式(6-7)针对的是氯离子沉降量与对混凝土实测表面氯离子含量的关系式,则式(6-8)中的C_s即对应于C_{sa},需要换算到名义表面氯离子浓度C_{sn}。

由于大气区k_{sn}数据缺乏,此处的考虑方法为按浪溅区的k_{sn}取值,即$C_{sa}=1.19C_{sn}$。则式(6-8)转换为:

$$C_{sn}=0.11/(d+0.4102) \tag{6-9}$$

名义表面氯离子浓度随离海岸距离的变化规律,按式(6-9)取用,曲线形状参见图6-13。概率分布特征参照表6-6,服从对数正态分布,变异系数统一取为0.40。

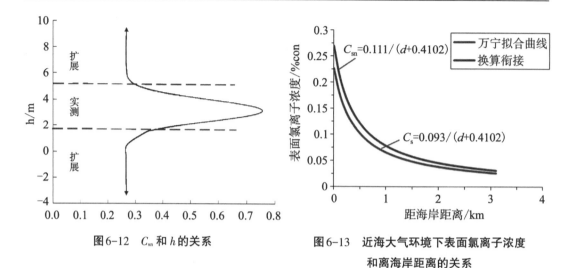

图6-12　C_{sn}和h的关系

图6-13　近海大气环境下表面氯离子浓度
和离海岸距离的关系

6.2.4　表观扩散系数 D_a

氯离子扩散系数是反映混凝土耐久性的重要指标。混凝土的表观扩散系数综合反映材料、环境与时间的影响,是混凝土在环境中暴露至检测期时的扩散系数在时间意义上的等效均值,一般根据实测氯离子浓度随深度的分布曲线,由式(6-3)拟合所得。

6.2.4.1　表观扩散系数的时变性

D_a是一个与时间有关的变量,随着时间的推移、混凝土水化作用的持续进行、孔隙结构中水泥浆体的膨胀与沉淀、氯离子自身结合能力的变化等都会引起扩散系数的变化。Mangat等[6-54]通过模拟自然环境的实验室浸泡试验与自然暴露试验的多年试验数据,并结合其他学者的实验室试验数据建立了表观扩散系数随时间的变化关系。至今,表观扩散系数随时间衰减的规律已达成共识[6-20,6-49,6-55,6-56],可描述为:

$$D_{a,2}=D_{a,1}\cdot\left(\frac{t_1}{t_2}\right)^n \tag{6-10}$$

式中:$D_{a,1}$和$D_{a,2}$分别为对应暴露时间t_1和t_2时的表观扩散系数;n为龄期系数,与材料和暴露环境有关。一般以t_1作为参考时间,根据先期数据或经验确定$D_{a,1}$后,由式(6-10)计算目标时间t_2时的$D_{a,2}$。参考时间一般取为28 d或1 a。

这里需要明确两点:①D_a为根据实测氯离子侵蚀曲线由式(6-3)进行拟合而得的目标时间段t内的扩散系数等效值。不能混淆混凝土在t时段内的表观扩散系数$D_a(t)$与混凝土在t时刻时的扩散系数$D(t)$[例如利用快速电迁移RCM(Rapid Chloride Migration),测定的$D_{RCM}(t)$],两者有本质的区别,其衰减规律在使用中应予以区分。②较短初始暴露期的$D_a(t)$与$D(t)$差别不大。如$t=28$ d,$w/b=0.45$时,$D_{RCM}=9.2×10^{-12}$ m²/s[6-20],$D_a=34.776w/c-6.448(10^{-8}$ cm²/s$)=9.2012(10^{-12}$ m²/s$)$[6-57]在数值上吻合得相当好。因此,当t_1取为较短的时间(如28 d)时,初始扩散系数 $D_{a,1}$ 的确定可以参考 RCM 快速测试方法得到的扩散系数数据。

经过一定的使用年限后,混凝土的水化作用基本完成,内部微观结构的变化基本不再发生,此时氯离子扩散系数趋于一个稳定值。参考美国 Life-365 标准设计程序[6-49],考虑氯离子扩散系数随时间衰减以30年为限,当 $t > 30$ 年时,将混凝土中氯离子扩散系数作为定值考虑。

6.2.4.2 环境因素对表观扩散系数的影响

针对混凝土结构耐久性设计区划工作的研究特点,开展了混凝土结构耐久性标准化试验研究[6-26,6-58],以研究各种环境和材料因素对混凝土耐久性的影响规律与建立相应的关系式。

根据对混凝土氯离子扩散系数的标准化试验研究[6-26],环境氯离子浓度、环境温度对表观扩散系数的影响系数 k_{Cl} 和 k_T 分别取为:

$$k_{Cl} = 3.48 - 1.20 C_{Cl}^{1/3} \tag{6-11}$$

$$k_T = \exp\left(3593\left(\frac{1}{T_{ref}} - \frac{1}{T}\right)\right) \tag{6-12}$$

式中: C_{Cl} 为溶液中氯离子浓度(%,质量分数),参考 NaCl 溶液浓度为15%;T 为环境温度(K),取 $T_{ref} = 293K$(即参考温度为20℃)。

混凝土的湿度是影响扩散系数的一个重要因素。LIFECON[6-20]对于湿对扩散系数的影响是通过引入部分水饱和度影响系数来考虑的。混凝土的水饱和度不仅与环境的相对湿度有关,同样受构件表面湿润时间、胶凝材料的类型和水胶比等因素的影响。但关于水饱和度对混凝土的氯离子表观扩散系数的影响研究不多,没有太多的数据,而且对混凝土水饱和度的预测也不太容易实现。Anna 等[6-59]通过研究部分饱和的混凝土内氯离子的扩散特性,提出不同相对湿度条件下,其氯离子扩散系数值相对于相对湿度 RH 为100%时扩散系数值的变化系数。总体来说,关于相对湿度对混凝土氯离子扩散系数的影响的研究还相对较少。

本章在海洋氯离子环境的混凝土耐久性设计区划研究中,不考虑不同环境下相对湿度的差异性。

6.2.4.3 参考时间为 t_0 时的 D_0 取值

若已有暴露时间为 t_0 时刻的混凝土氯离子浓度随深度变化的实测数据,则由式(6-3)拟合得到 D_0,再利用式(6-10)计算得到目标时刻 t 的表观氯离子扩散系数 D_a,代入式(6-3)即可预测 t 时刻混凝土中的氯离子侵蚀浓度。

本章遵循工程习惯,取 $t_0 = 28$ d。参考数据仅考虑浸泡试验的数据,即按照类似北欧试验标准 NT Build 443[6-60]列出的试验步骤进行的试验,代表性数据或经验公式包括:

①Mangat 等[6-56]对不同水胶比和胶凝材料掺量的混凝土在北海潮汐区现场暴露和室内浪溅区、水下区模拟试验1~5年的研究数据;②美国Life-365标准设计程序[6-49]对已有相关研究成果的总结分析所得到的经验公式;③LIFECON[6-20]对28 d龄期混凝土给出的推荐值和关系式;④室内浸泡试验数据[6-26,6-58]。各组数据的试验与环境条件参数见表6-8,除LIFECON 对应的数据外,其余数据均为依据混凝土内的氯离子分布曲线拟合所得的混凝土表观扩散系数。

表6-8　数据试验与环境条件参数

数据来源	温度/℃	NaCl溶液浓度/%	养护	暴露条件	备注
Mangat[6-56]	16~20	3	室内气养14 d	现场和室内	
Life-365[6-49]	20	15*	标养28 d~56 d*	室内浸泡28 d*	"*"表示由于文献未明确表明,所标为推断性条件
LIFECON[6-20]	—	—	28 d	—	
Xu[6-58]	20*	15*	标养28 d*	室内浸泡35 d*	
Wang[6-26]	30	15	标养28 d	室内浸泡60 d	

将各组数据利用式(6-11)、式(6-12)换算到NaCl溶液浓度为15%、温度为20 ℃的环境参考条件,取文献[6-55]中数据的换算中用到的龄期系数0.47[6-55],换算后的数据见图6-14。可以看出:①环境氯离子浓度、环境温度对表观扩散系数的影响系数k_{Cl}和k_T取值合理,换算后的室内外不同条件下的扩散系数相互之间的对应性较好;②Life-365的数据包含了其他几组数据,取值偏保守;③28 d龄期的D_{RCM}与表观扩散系数D_{28}有很好的相关性。

本章对混凝土的参考时间为28 d时表观扩散系数D_{28}偏保守的考虑,按Life-365考虑,即:

$$D_{28}=10^{-12.06+2.4w/b} \tag{6-13}$$

6.2.4.4　龄期系数n

龄期系数n是一个与混凝土的材料组成、水胶比、干湿条件等多个材料与环境因素有关的系数。龄期系数越大,混凝土的扩散系数衰减越快,n的大小对混凝土抗氯离子侵入能力有着很大的影响。在相同环境下,龄期系数n主要由材料因素决定,即主要受混凝土水胶比的大小与外加粉煤灰和矿粉等掺合料数量的影响。一般认为,n随水胶比的增大而增大,偶见相反规律的报道[6-61],即n随水胶比的增大而降低,但校核发现,该文献的龄期系数计算公式对于水胶比在0.55以上的混凝土材料,出现扩散系数增大的状况,与实际不符。

结合6.2.3.1中乍浦港区实测数据,拟合得到检测时的表观扩散系数 D_a,根据式(6-11)(6-12)(6-13)计算各泊位的 D_{28},再由式(6-10)计算得到一系列测试数据的 n 值。计算中各泊位环境条件、暴露时间与材料参数见表6-3、表6-4和表6-5。

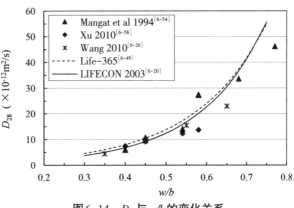

图6-14 D_{28} 与 w/b 的变化关系

(1)龄期系数 n 随高程变化的规律。

对于龄期系数随高程变化规律的分析,仅考虑暴露时间较长,且水胶比与标准试件水胶比相同的泊位1-2。n 随高程的变化曲线如图6-15a所示。

从图6-15a可以看出,龄期系数 n 随高程的增加存在着整体的增大趋势,但随检测时间的不同,各个标高处的龄期系数在数值上存在上下波动。将各条曲线对应标高处的数据进行平均化,取2.3 m标高处的龄期系数为1,得到龄期系数随标高的相对变化曲线如图6-15b所示,按照指数规律得出高程 h 对龄期系数 n 的影响系数 k_{nh} 为:

$$k_{nh} = 0.8 \cdot e^{0.1h} \tag{6-14}$$

式中:h 表示高程(m),对应于吴淞高程基准。

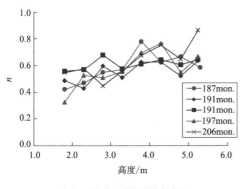

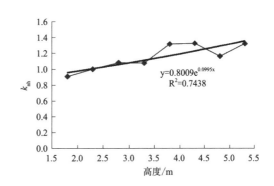

(a) 拟合所得原始数据 (b) 平均值与关系式

图6-15 龄期系数 n

从图6-15a亦可看出,除曲线"197mon."外,其余曲线均在高程为1.8 m测点至2.3 m测点呈上拐趋势。这里假定高程低于2.3 m时,n 不随高程变化,保持定值,即:

$$\begin{cases} k_{nh} = 0.8 \cdot e^{0.1h} & h > 2.3 \text{ m} \\ k_{nh} = 1.0 & h \leqslant 2.3 \text{ m} \end{cases} \tag{6-15}$$

（2）龄期系数的统计特征。

由于沿高程变化的竖向检测数据有限，对于统计特征的分析，这里采用对大气区、浪溅区和潮汐区固定标高处的大量数据点，针对不同的区域进行分布特征的分析。

对于拟合得到的龄期系数 n 进行统计分析发现，龄期系数的分布可按对数正态分布考虑。大气区、浪溅区、潮汐区的龄期系数均值 M 与变异系数 δ 见表6-9。大气区的数值由于离散性较大，数据数量较少，仍需要进一步考虑。

表6-9　龄期系数 n

环境分区	检测标高	泊位1-2		泊位2-1		泊位2-4		泊位3-1	
		M	δ	M	δ	M	δ	M	δ
潮汐区	2.3 m	0.46	0.26	0.44	0.34	1.14	0.12	—	—
浪溅区	5.25 m	0.65	0.17	0.53	0.28	1.25	0.17	1.11	0.16
大气区	7.6 m	—	—	0.89	0.52	1.34	0.19	1.00	0.17

（3）龄期系数随水胶比的变化规律。

龄期系数 n 随水胶比 w/b 的变化关系见图6-16，图中数据包括本章拟合得到的不同泊位不同环境分区的龄期系数 n 的平均值，DuraCrete[6-62]中建议的 n 与 w/b 和环境条件的关系，美国 Life-365 标准设计程序[6-49]中不同胶凝材料对应的 n 值，Mangat 等[6-56]对不同水胶比和胶凝材料掺量的混凝土在不同暴露环境下 n 的综合拟合关系，Jin[6-24]根据室内加速试验得出的不同环境分区的 n 值关系式，Bamforth[6-63]综合30多个关于氯离子扩散系数的研究数据得出 n 的建议取值。其中，当需要区分胶凝材料种类和产量时，n 的取值考虑为不加掺合料的普通硅酸盐水泥；图中标准字母"AZ、SP、TZ、SZ"依次表示"大气区、浪溅区、潮汐区、水下区"。

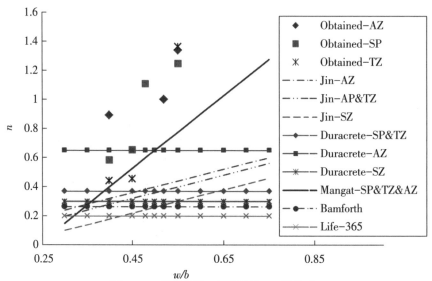

图6-16　龄期系数 n 与水胶比 w/b 的关系

从图6-16中可以看出：本章根据乍浦现场暴露数据得到的n值均较相应的文献推荐值来得大；同时，随水胶比的增大，n值的增大速率也比相关文献明显。相对于本章的暴露实测数据，其他文献数据相对保守，尤其当混凝土水胶比较大时，这种现象更为显著。从图6-16中拟合得到的n值可以看出，当水胶比减小时，龄期系数n随水胶比的变化速率趋缓，特别是当水胶比在0.45左右时，相邻水胶比对应的n相差较小。因此，当水胶比小于0.45时，可以忽略龄期系数n随水胶比减小的继续变化，认为n值保持恒定，不随水胶比的变化而变化。

由于本章实测每个区域的数据点相对较少，对于不同环境分区n随w/b的变化速率统一按与本章实测数据最为接近的文献[6-55]考虑。当水胶比在0.45以下，n值按水胶比为0.45时取，考虑为定值，取$n_{ref}=n(w/b=0.45)$，得到龄期系数的水胶比影响系数$k_{n,w/b}$：

$$k_{n,w/b}=5.3w/b-1.35 \qquad w/b>0.45$$
$$k_{n,w/b}=1.0 \qquad w/b\leqslant0.45 \tag{6-16}$$

（4）区划工作中龄期系数n的取值。

在区划工作中，本章龄期系数n的取值为：①随高程变化的影响系数k_{nh}按式（6-15）考虑；②水灰比影响系数$k_{n,w/b}$按式（6-16）考虑。

由表6-9，基准$h=2.3$ m，$w/b=0.45$（即泊位1-2潮汐区n值）时的龄期系数n_{ref}值为0.46，于是有：

$$n=n_{ref}\cdot k_{nh}k_{n,w/b} \tag{6-17}$$

根据表6-9，n的变异系数基本在$0.12\sim0.34$之间，计算中统一取为0.3。

（5）表观扩散系数D_a的确定。

引入环境对表观扩散系数的影响关系式（6-11）（6-12）、参考时间为28 d的混凝土表观扩散系数D_{28}计算公式（6-13）、龄期系数计算公式（6-17），根据式（6-10），有混凝土暴露时间为t（年）的表观扩散系数为：

$$D_a=k_{Cl}\cdot k_T\cdot D_{28}\cdot\left(\frac{0.0767}{t}\right)^n \tag{6-18}$$

6.2.5　氯离子临界浓度C_{cr}

在钢筋周围混凝土孔隙的氯离子浓度恰好达到钢筋去钝化所需的浓度，称为混凝土的氯离子临界浓度，以C_{cr}表示。

国内外学者对引发钢筋锈蚀的混凝土临界氯离子浓度进行了大量研究，主要围绕以混凝土中总氯离子含量、游离氯离子含量或结合混凝土碱度作为临界浓度指标的建议值与合理性进行了探讨[6-64,6-65]，一般认为游离氯离子是引起钢筋锈蚀的主要因素而并非是氯离子总量，但是目前人们对采用混凝土孔溶液中游离氯离子含量与较多使用的总氯离子含量哪个更为准确存在分歧，混凝土的碱度也是一个不容忽视的重要因素。根据不少资料或规范考虑材料或环境的影响,给出了 C_{cr} 值[6-10,6-66,6-67],但存在较大差异。

确定氯离子临界浓度时,将不同环境分区条件下混凝土中引发钢筋锈蚀的氯离子浓度视为相同,综合考虑相关资料给出的建议值[6-10,6-65,6-68],统一较为保守地取 C_{cr} 为 0.15%(与混凝土质量的比值),变异系数取为 0.20。

6.2.6　模型验证

利用式(6-3)(6-4),以及对混凝土表面氯离子浓度 C_s、表观扩散系数 D_a 等模型参数相应取值方法与概率分布特征的分析,计算乍浦港区泊位 1-2 暴露至检测时间的混凝土内氯离子侵蚀深度(取分界点氯离子浓度为 0.1%),检测值与计算值的分布曲线见图 6-17。由于检测深度最大定为 70 mm,而在潮汐区有部分测点在 70 mm 深度处的氯离子含量测值大于分界浓度 0.1%,在图 6-17 中,氯离子侵蚀深度大于 70 mm 的数据测点为根据实测曲线趋势的估计值。

从图 6-17 可以看出,本章建立的混凝土氯离子侵蚀深度的概率预测模型较实测数据偏安全,能较好地包络泊位 1-2 的所有测试点。

6.3　环境区划体系

由于海洋竖向环境与近海大气环境受不同环境条件的影响,有不同的环境侵蚀特征,对海洋氯离子环境下混凝土耐久性的设计区划研究按海洋竖向环境的竖向设计区划和近海大气环境的水平设计区划分别进行。

6.3.1　海洋竖向环境区划

由于受海洋动力因素、海岸地形、气候、大陆入海河流等因素的影响,不同海岸带形成各自特殊的海洋环境,潮流的性质、运动形态、潮差的分布、潮流历时和流速均有明显的地域性[6-28]。在材料参数确定的情况下,影响海洋竖向环境非饱和渗流的主要因素包括混凝土内部孔隙的饱和度、混凝土表面蒸发速率、干湿循环机制等[6-69]。海洋竖向环境混凝土结构不同标高处的氯离子侵蚀分布的差异,主要是由于不同海拔高度处环境因素的变化规律不同,每天的潮涨潮落导致每个标高处海水干湿时间比例的不同[6-27]。

海洋竖向环境的基准环境为浙江嘉兴乍浦港区,对预测模型中参数进行分析与确定的依据均为乍浦港区的暴露数据。对于海洋竖向环境的分区指标最为直观的应是高程或距海面高度,然而两者均为独立于海域环境的指标,只能表征乍浦港区的特定海洋环境,而不能反映其他海域的环境特征。

本章在对海洋竖向环境区划工作中,将混凝土受氯离子侵蚀的深度沿高程变化规律与其受海水的周期浸润时间之间建立联系,将不同海域的潮汐特征反映到周期浸润时间上,以不局限于乍浦港区的特定海洋环境。

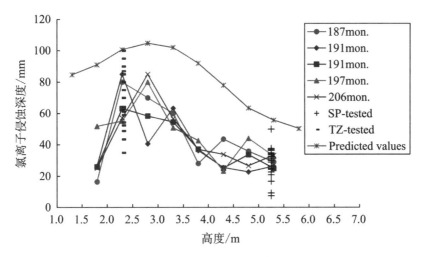

图6-17 氯离子侵蚀深度预测值与实测结果的对比

分区中指标计算与预测包括以下内容。

（1）假设混凝土保护层厚度服从正态分布，变异系数均取为0.11（经验值）。根据已经确定的计算模型(6-3)～(6-5)、(6-19)，引入基准环境乍浦港区实际外部环境（表6-2），采用蒙特卡罗数值方法预测标准内部条件下、满足目标可靠度和指定耐久性极限状态下的指标值，标准试件暴露50年后的氯离子侵蚀深度X_{50}，即保证50年使用寿命所需的保护层厚度。

（2）以海水浸润时间比k_{JR}作为表征混凝土受海水周期浸润时间的指标，根据乍浦潮位资料计算对应标高处的海水浸润时间比，具体计算方法参见文献[6-27]。图6-18给出了氯离子侵蚀深度X_{50}、k_{JR}随高程h变化的关系。

分区指标确定为海水浸润时间比k_{JR}，不同分区对应的k_{JR}界限值确定见图6-18。界限值的确定方法：为使各区划等级的劣化梯度相等，将氯离子侵蚀深度逐渐趋于稳定的X_{50}曲线下半部分5等分，并对应至曲线的上半部分；按照侵蚀深度的分布区间对应至相应高程处的海水浸润时间比k_{JR}，得到各个分区边界对应的界限值k_{JR}，并根据k_{JR}确定分区边界对应的高程h。得到海洋竖向环境的环境作用效应区划结果见图6-18，共划分为5个区域等级：1、2、3、4、5，从1至5为侵蚀严重程度递增。

从k_{JR}对混凝土在海洋竖向环境受氯离子侵蚀程度的影响来看，侵蚀深度X_{50}先随高程增加（k_{JR}减小）而逐渐提高，在高程约为2.9 m处达到最大值（k_{JR}约为0.364），后随高程增加（k_{JR}减小），X_{50}数值开始减小。结合环境作用区划图与指标关系分析（图6-18），将各分区的区域特征列于表6-10。表6-10中提到的氯离子侵蚀深度X_{50}是指标准试件在基准环境条件下（乍浦港区）暴露50 a后的深度预测值。

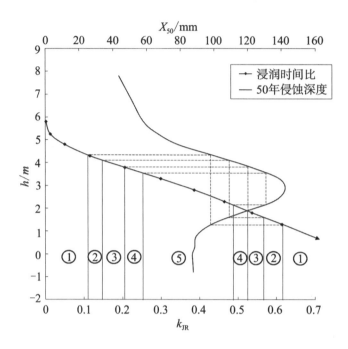

图6-18　X_{50}、k_{JR}、h的相关关系与环境区划

表6-10　海洋竖向环境各级耐久性区域的环境特征与作用程度

区划等级	k_{JR}	X_{50}/mm
1	高于0.61或低于0.11	低于98
2	0.11～0.148或0.567～0.616	98～109
3	0.148～0.204或0.525～0.567	109～120
4	0.204～0.253或0.488～0.525	120～131
5	0.253～0.488	131～142

6.3.2　近海大气环境水平区划

近海大气环境的基准环境为中国海南万宁东海岸。对于近海大气环境中的盐雾沉降量与离海岸距离的关系的确定依据万宁地区的实测盐雾沉降量数据,并据此建立混凝土名义表面氯离子浓度C_{sn}随离海岸距离变化的经验公式。

近海大气环境条件下,当温湿度一定时,不同离海岸距离处混凝土的表观氯离子扩散系数和龄期系数取值相同,分异因素主要为环境中氯离子含量随离海岸距离的变化。本章在对近海大气环境的水平区划工作中,建立混凝土耐久性受氯离子侵蚀的规律与离海岸距离变化之间的联系,并选用离海岸距离d作为分区指标。

分区指标计算与预测包括以下内容。

(1) 假设混凝土保护层厚度服从正态分布,变异系数均取为0.11(经验值)。根据已经确定的计算模型(6-3)(6-4)(6-9)(6-19),引入基准环境海南万宁东海岸实际外部环境

（表6-1），采用蒙特卡罗数值方法预测标准内部条件，满足目标可靠度和指定极限状态下的指标值，标准试件暴露50年后的氯离子侵蚀深度X_{50}，即保证50年使用寿命所需的保护层厚度。其中，龄期系数n取为高程为$+7.6$ m处的值，即海洋竖向环境中混凝土名义表面氯离子浓度随高程增加趋于稳定后的临界高程对应的n值。

（2）参照第5章，按照5.3.1中的方法，引入万宁地区实际外部环境（表6-1），采用蒙特卡罗数值方法预测标准试件暴露50年后的碳化/侵蚀深度$X_{50,C}$，即为保证50年使用寿命所需的保护层厚度。

X_{50}、$X_{50,C}$与离海岸距离的关系见图6-19。由图6-19，根据X_{50}与$X_{50,C}$的关系，界定近海大气环境的影响范围为550 m。近海大气环境的分区方法见图6-19：将离海岸距离0～550 m范围内的氯离子侵蚀深度X_{50}三等分，并通过图中方法确定分界点处对应的距离d。近海大气环境的环境作用效应分为三个区划等级：Ⅰ、Ⅱ、Ⅲ，从Ⅰ至Ⅲ为侵蚀严重程度递增。

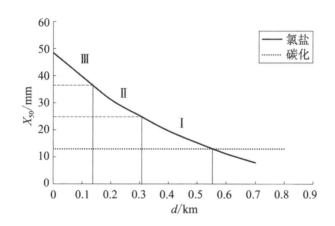

图6-19 X_{50}、d的相关关系与环境区划

表6-11 近海大气环境各级耐久性区域的环境特征与作用程度

区划等级	d/m	X_{50}/mm
Ⅰ	310～550	12.9～24.8
Ⅱ	140～310	24.8～36.6
Ⅲ	0～140	36.6～48.5

参考文献

[6-1] 水利部长江水利委员会长江勘测规划设计研究院. 水工混凝土结构设计规范：SL 191—2008. 北京：中国水利水电出版社，2009.

[6-2] 中华人民共和国住房和城乡建设部. 混凝土结构耐久性设计规范：GB/T 50476—2008. 北京：中国建筑工业出版社，2008.

［6-3］Ausralia Standard:TMAS 3600—2001. Sydney:Standards Australia International Ltd,2001.

［6-4］王冰,王命平,赵铁军.近海陆上盐雾区的分区研究//第四届混凝土结构耐久性科技论坛论文集:混凝土结构耐久性设计与评估方法.北京:机械工业出版社,2006.

［6-5］赵尚传.基于混凝土结构耐久性的海潮影响区环境作用区划研究.公路交通科技,2010,27(7):61-64,75.

［6-6］Song H W,Lee C H,Ann K Y. Factors influencing chloride transport in concrete structures exposed to marine environments. Cement & Conrete composites,2008,30(2):113-121.

［6-7］http://wanning.hainan.gov.cn/wngov/ztlm/wngjhd/wnjj/201012/t20101204_74824.html.

［6-8］嘉兴市海洋功能区划(修编).嘉兴海洋与渔业网,2006.

［6-9］中华人民共和国建设部.混凝土结构设计规范:GB 50010—2002.北京:中国建筑工业出版社,2002.

［6-10］General guidelines for durability design and redesign// Document BE95-1347/R15. Brussels:The European Union-Brite Euram Ⅲ,2000.

［6-11］ACI Committee 318. Building Code Requirement for structure concrete and Commentary:ACI 318M-05. Los Angeles:ACI Committee,2005.

［6-12］Swedish Building Centre. High Performance Concrete Structures-Design Handbook. Stockholm:Elanders Svenskt AB,2000.

［6-13］郭丰哲.既有钢筋混凝土桥梁的耐久性检测及评估研究.四川:西南交通大学,2005.

［6-14］陈肇元.土建结构工程的安全性与耐久性.北京:建筑工业出版社,2003.

［6-15］Eurocode 2:Design of Concrete Structures BS EN 1992. Brussles:The Standards Policy and Strategy Committee,2004.

［6-16］Koichi M,Rajesh C,Toshiharu K. Modeling of Concrete Performance. London:E&FN Spon,1999.

［6-17］Scheidegger A E. Physics of flow through porous media. Toronto:University of Toronto Press,1974.

［6-18］Rice C L,Whitehead R. Electro kinetic flow in narrow cylindrical capillary. Journal of Physical Chemistry,1965,69(11):4017-4024.

［6-19］姚诗伟.氯离子扩散理论.港工技术与管理,2003(5):1-4.

［6-20］Lay S,Schissel P,Cairns J. Probabilistic service life models for reinforced concrete structures.Germany:Technical University of Munich,2003.

［6-21］Söderqvist M K,Vesikari E. Generic technical handbook for a predictive life cycle management system of concrete structures (LMS). Finland:The Finnish Road Administration,2003:42-62.

［6-22］杭州湾大桥工程指挥部.杭州湾跨海大桥土建工程施工招标文件.杭州,2004.

［6-23］王晓舟.混凝土结构耐久性能的概率预测与模糊综合评估.杭州:浙江大学,2009.

［6-24］金立兵.多重环境时间相似理论及其在沿海混凝土结构耐久性中的应用.杭州:浙江大学,2008.

［6-25］中华人民共和国国家标准.混凝土结构耐久性设计规范:GB/T 50476—2008.北京:中国建筑工业出版社,2008.

［6-26］王传坤.混凝土氯离子侵蚀和碳化试验标准化研究.杭州:浙江大学,2010:54-67.

［6-27］姚昌建.沿海码头混凝土设施受氯离子侵蚀的规律研究.杭州:浙江大学,2007.

[6-28] 曹楚南. 中国材料的自然环境腐蚀. 北京:化学工业出版社,2004.

[6-29] 刘军,邢峰,董必钦,等. 盐雾环境下氯离子在混凝土中的扩散. 深圳大学学报理工版,2010,4(2):192-198.

[6-30] 王德志,张金喜,张建华. 沿海公路钢筋混凝土桥梁氯盐侵蚀的调研与分析. 北京工业大学学报,2006,32(2):187-192.

[6-31] Dowd C D O, Smith M H, Consterdine L A, et al. Marine aerosol, sea-salt, and the marine sulphur cycle:a short review. Atmospheric Environment,1997(31):73-80.

[6-32] Petelski T, Chomka M. Sea salt emission from the coastal zone. Oceannologia,2000(42):399-410.

[6-33] Meira G R, Padaratz L J, Alonso C, et al. Effect of distance from sea on chloride aggressiveness in concrete structures in Brazilian coastal site, Materiales de Construcción,2003,53:179-188.

[6-34] Meira G R, Andrade G, Alonso C, et al. Modelling sea-salt transport and deposition in marine atmosphere zone-A tool for corrosion studies. Corrosion Science,2008,50(9):2274-2731.

[6-35] Cole L S, Paterson D A, Ganther S D. Holistic model for atmospheric corrosion Part 1-Theoretical framework for production, transportation and deposition of marine salts, Corrosion, Engineering. Science and Technology,2003(38):129-134.

[6-36] 徐国葆. 我国沿海大气中盐雾含量与分布. 环境技术,1994(3):1-7.

[6-37] 曾菊尧. 关于我国沿海地区近地面大气中的盐雾及其分布. 特殊电工,1982(4):18-23.

[6-38] Morcillo M, Chico B, Otero E, et al. Effect of marine aerosol on atmospheric corrosion. Mater Perform,1999,38:72-77.

[6-39] Ambler H R, Bain A A J. Corrosion of metals in the tropics. J Appl Chem 1955,5:437-467.

[6-40] Corvo F, Betancourt N, Mendoza A. The influence of airborne salinity on the atmospheric corrosion of steel. Corros Sci,1995,37:1889,1901.

[6-41] Meira G R, Andrade C, Padaratz I J, et al. Chloride penetration into concrete structures in the marine atmosphere zone:Relationship between deposition of chlorides on the wet candle and chlorides accumulated into concrete. Cement and Concrete Composites,29(9),2007:667-676.

[6-42] 张伦武. 国防大气环境试验站网建设及试验与评价技术研究. 天津:天津大学,2008.

[6-43] 游劲秋,胥瑞芳,孟祥森,等. 近海大气环境下的钢筋混凝土保护技术研究. 浙江建筑,2005,22:81-87.

[6-44] Mcgee R. Modeling of durability performance of Tasmanian bridges. ICASP8 applications of statistics and probability in civil engineering,1999(1):297-306.

[6-45] Vu K A T, Stewart M G. Structural reliability of concrete bridges including improved chloride-induced corrosion models. Structural Safety,2000,22(4):313-333.

[6-46] Morinaga S. Life prediction of reinforced concrete structures in hot and salt-laden environments. Concrete in hot climates, E&FN SPON,1992:155 - 64.

[6-47] 中国工程院土木水利与建筑学部,工程结构安全性与耐久性研究咨询项目组. 混凝土结构耐久性设计与施工指南. 北京:中国建筑工业出版社,2004.

[6-48] Meria G R, Andrade C, Alonso C, et al. Durability of concrete structures in marine atmosphere zones:The use of chloride deposition rate on the wet candle as an environmental indicator. Cement

and Concrete Composites,2010,32(6):427-435.

[6-49] Bentz E C, Thomas M D A. Computer program for predicting the service life and life-cycle cost of reinforced concrete exposed to chlorides. Life-365 User Manual,2013:1-87.

[6-50] 西安建筑科技大学. 混凝土结构耐久性评定标准:CECS 220—2007. 北京:中国建筑工业出版社,2007.

[6-51] 赵羽习,王传坤,金伟良,等. 混凝土表面氯离子浓度时变规律试验研究. 土木建筑与环境工程,2010,32(3):8-13.

[6-52] Stephen L A, Dwayne A J, Matthew A M, et al. Predicting the service life of concrete marine structures:an environmental methodology. ACI Structural Journal,1998,95(2):205-214.

[6-53] Mumtaz K, Michel G. Chloride-induced corrosion of reinforced concrete bridge decks. Cement and Concrete Research,2002,32(1):139-143.

[6-54] Mangat P S, Molloy B T, Prediciton of long-term chloride concentration in concrete. Material and structures,1994,27(170):338-346.

[6-55] Michael D A, Thomas, Phil B . Modelling chloride diffusion in concrete Effect of fly ash and slag. Cement and Concrete Reseach,1999(29):487-495.

[6-56] Maage M, Helland S, Poulsen E, et al. Service life prediction of existing concrete structures exposed to marine environment. ACI Materials Journal,1996(93):602-608.

[6-57] 赵尚传. 氯盐环境下非承载力因素对受弯构件可靠性的影响. 公路,2003(9):12-17.

[6-58] 徐小巍. 不同环境下混凝土冻融试验标准化研究. 杭州:浙江大学,2010.

[6-59] Anna V S, Roberto V S, Renato V V. Analysis of chloride diffusion into partially saturated concrete. ACI Material Journal,1993,90(5):441-451.

[6-60] Nordtest Method:Accelerated Chloride Penetration into hardened Concrete.[s.n.],1995(11):54-94.

[6-61] 吴瑾,程吉昕. 海洋环境下钢筋混凝土结构耐久性评估. 水力发电学报,2005,24(1):69-73.

[6-62] General Guidelines for Durability Design and Redesign.DuraCrete,2000.

[6-63] Bamforth, P B. The derivation of input data for modelling chloride ingress from eight-year U.K. coastal exposure trials. Magazine of Concrete Research,1999,51(2):87-96.

[6-64] Glass G K, Buenfeld N R. The presentation of the chloride threshold level for corrosion of steel in concrete. Corrosion Science. 1997,39(5):1001-1013.

[6-65] Alonso C, Andrade C, Castellote M., et al. Chloride threshold values to depassivate reinforcing bars embedded in a standardized OPC mortar. Cement and Concrete Research,2000,30(7):1047-1055.

[6-66] Rehabcon.Strategy for maintenance and rehabilitation in concrete structures:ANNEX n,2004.

[6-67] Val D V, Stewart M G. Life-cycle cost analysis of reinforced concrete structures in marine environments. Structural Safety,2003,25(4):343-362.

[6-68] 张宝兰,卫淑珊. 华南海港钢筋混凝土暴露十年试验. 水运工程,1999(3):6-13.

[6-69] 张奕. 氯离子在混凝土中的输运机理研究. 杭州:浙江大学,2008.

7 冻融循环环境区划

不同冻融循环环境的冻融循环次数、冰冻降温速率、冰冻时长、最低冰冻温度[7-1]和混凝土饱水时间比例系数等指标都会存在着一定的差异。建立衡量混凝土现场冻融循环环境作用程度强弱的量化指标，并寻求室内冻融试验与现场冻融之间的关系，是混凝土抗冻耐久性预测与设计定量化的关键。由于现场冻融循环环境和室内冻融循环环境之间的巨大差异，大量标准冻融试验数据难以直接应用于现场混凝土冻融耐久性预测。因此，有两个关键问题亟待解决：第一，如何考虑这些差异，进而利用室内快速冻融试验的数据评价和预测工程混凝土结构的服役年限；第二，如何建立不同气候环境下混凝土结构抗冻性耐久性设计的统一指标。

一般来说，混凝土的抗冻性用混凝土试件在标准室内冻融循环环境下抵抗反复冻融循环次数的能力，即抗冻等级来表示。基于上述考虑，若能建立室内外环境下混凝土冻融损伤之间的联系，将千差万别的现场冻融循环环境的冻融循环次数等效到室内试验环境下的冻融循环次数，则以等效的室内冻融循环次数这个统一标准，既可直接区别不同地域的冻融循环环境严酷程度，又可与混凝土室内快冻试验直接相关联。

本章通过研究室内快冻试验环境与现场冻融循环环境的差异，深入讨论冻融循环次数、冰冻降温速率、冰冻时长、冰冻最低温度和饱含水比例系数等指标，将不同现场环境下的冻融循环次数等效为室内快冻环境条件下的冻融循环次数，对全国进行冻融循环环境下的混凝土结构耐久性区域等级的划分，并给出进行混凝土抗冻寿命预测的概率方法与混凝土抗冻耐久性的设计规定。

7.1 基准环境与标准试件定义

7.1.1 基准环境

对于冻融循环环境的环境条件分类，以寒冷程度、混凝土饱水程度、是否为盐冻等三个方面予以划分[7-2]。这里定义的冻融循环环境的基准环境为混凝土长期饱水的无盐冻融循环环境。其原因有三。

（1）本章区划工作中考虑的是第一类冻融循环，即无盐冻融循环环境，这在4.1.1.3中已经说明。

（2）长期饱水环境，即发生冻融循环时混凝土均处于饱水状态，而不需要考虑混凝土在冻融循环期内的饱水情况，如发生冻融循环时混凝土是否达到其临界水饱和度、饱含水时间占整个冻融循环时间的比例等,这样使得环境条件简单而单一。

（3）混凝土室内冻融试验,如《普通混凝土长期性能和耐久性能试验方法标准》（GB/T 50082—2009）,规定的抗冻试验方法以及众多混凝土冻融试验研究成果表明,均要求以混凝土充分饱水作为前提条件。

综上所述,选定混凝土长期饱水的无盐冻融循环环境作为环境区划研究的基准环境。

7.1.2　标准试件

标准试件的确定原则和目的在5.1.2中进行了讨论,这里仅给出针对冻融循环环境的标准试件参数确定。

根据工程实践与耐久性的一般要求[7-2~7-7],对于冻融循环环境的研究,标准内部条件（标准试件）采用:普通硅酸盐水泥,混凝土水胶质量比w/b（这里与水灰质量比w/c相等）为0.45,引气含气量为4.0%,混凝土保护层厚度为30 mm,混凝土强度等级为C30。

本章对冻融循环环境的混凝土耐久性设计区划研究中,由于冻融循环环境侵蚀特征和本章采用的对环境作用效应量化方法的特点,不涉及对标准试件在环境作用下的耐久性指标的预测。这里给出标准试件的定义,一是为了明确工程中对抗冻混凝土的一般性规定,二是可以保证研究体系上的完整性和一致性。

7.2　基于可靠度的概率预测方法

7.2.1　现场冻融循环次数

7.2.1.1　现场冻融循环次数与负温天数

建立一种普适性较强且易于操作的统计各地冻融循环次数的方法,对于现场冻融循环环境的量化工作和冻融循环环境下混凝土的耐久性评估预测工作都具有非常重要的实用意义。

利用中国气象局采集的200个城市50年间的历史气象数据[7-8],统计各地现场环境的累年年均正负温交替次数,绘出各地年均正负温交替次数的分布如图7-1所示。从图7-1中可以看出,寒冷的东北及西北地区的正负温交替次数反而比华北等地区小,这与工程经验相矛盾[7-13],说明简单地以年均正负温交替次数来表征各地的冻融循环次数不甚合理。因此,考虑严寒地区的持续性负温天气,用年均负温天数n_f来表征冻融损伤程度,现场年均冻融循环次数n_{act}与年均负温天数n_f的关系可表示为:

$$n_{act}(n_f) = \lambda n_f \tag{7-1}$$

式中:λ为修正系数,结合我国部分地区的实测或统计冻融循环次数数据[7-13,7-14],取$\lambda = 0.7$,由此得到的年均冻融循环次数如图7-2所示,其变异系数如图7-3所示,除了南部偶尔受冻地区变异系数较大外,其余地区均在10%以下,并较好地服从正态分布,这表明利用公式(7-1)可以很好地表征各地的冻融循环的频繁程度。

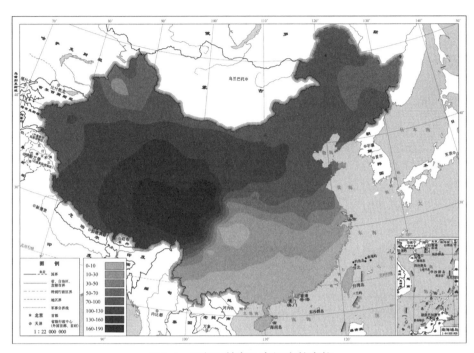

图7-1　现场环境年正负温交替次数

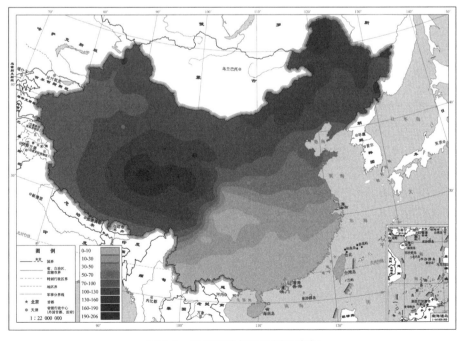

图7-2　现场环境年冻融循环次数

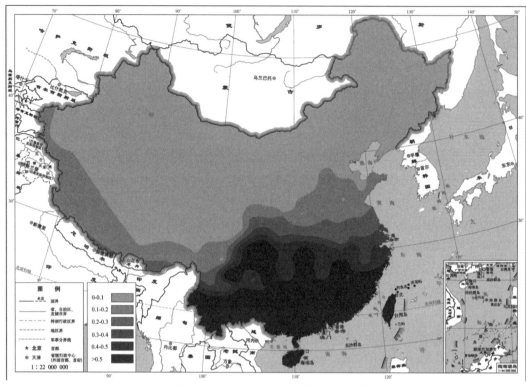

图7-3　现场环境年冻融循环次数的变异系数

　　表7-1为本章统计结果与已有典型地区统计结果的比较,可看出用该统计方法确定的自然环境中的年冻融循环次数是合理的,计算值与文献[7-1]预测值的一致性也较好。然而,文献[7-1]中利用有限差分法的逐时计算方法需要大量的逐时数据和复杂的计算,不便于工程实践和推广。

表7-1　现场年冻融循环次数与文献统计结果对比

城市	式(7-1)计算值	文献预测值[7-1]	文献统计值[7-13]或实测值[7-14]
哈尔滨	125	129	
乌鲁木齐	107	111	
西宁	117	110	118[7-13]
兰州	93	107	
呼和浩特	120	123	
银川	106	80	
石家庄	73	78	
太原	100	100	

续表

城市	式(7-1)计算值	文献预测值[7-1]	文献统计值[7-13]或实测值[7-14]
牡丹江	128	126	
长春	118	119	120[7-13]
延吉	127	112	
沈阳	105	114	
北京	84	84	84[7-13]
天津	77	77	81[7-14]
大连	73	79	109[7-14]
济南	57	70	
拉萨	111	100	
西安	59	68	
郑州	59	58	
宜昌	11	—	18[7-13]

7.2.1.2 现场冻融循环次数与最冷月平均气温

实际工程中,具体地区的年均负温天数并不易统计,是否能够获得历史气象资料、资料是否完备以及对历年数据进行统计的工作量都是需要考虑的问题。因此,有必要建立冻融循环次数与某一易于统计的当地环境气候特征参数之间的关系,依据常见的气象资料参数来预估该地的年均冻融循环次数,并依此得出一个可供参考的当地冻融循环次数,以便于进行混凝土抗冻设计及推动混凝土抗冻耐久性设计的定量化发展。

现有规范或技术标准[7-2,7-9]中多采用最冷月平均气温和混凝土饱水程度来区分冻融循环环境作用的严酷程度。而饱水程度与冻融循环次数没有直接关系,本章对统计得到的年均冻融循环次数与最冷月(即1月)平均气温 T_L(℃)进行了回归分析,结果如图7-4所示。

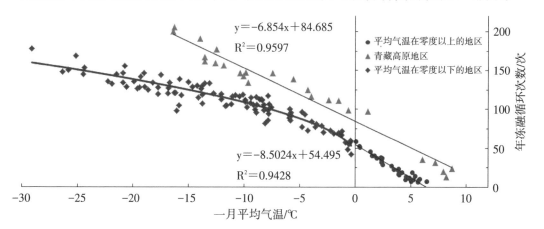

图7-4 年冻融循环次数与最冷月平均气温的关系

可见,除青藏高原地区受到高原气候的显著影响而需单独考虑外,其余地区的年均冻融循环次数与其最冷月平均气温的关系都较为一致。可用回归公式(7-2)来近似计算各地的年均天然冻融循环次数:

$$n_{act}(T_L)=\begin{cases}40.52+20.69\cdot(-T_L)^{0.52} & 零度以下地区\\54.50-8.50\cdot T_L & 零度以上地区\\84.69-6.85\cdot T_L & 青藏高原地区\end{cases} \tag{7-2}$$

7.2.2　等效室内冻融循环次数

对于相同环境,冻融损坏作用随冻融次数的增加而增加,冻融循环越频繁,混凝土的破坏程度越严重。等效室内冻融循环次数是指与经历若干次现场冻融循环后的混凝土损伤程度一致时,混凝土所要经历的相应室内冻融循环的次数。它以室内快速冻融试验环境为标准条件,具有同一参照基准,可以直接标识各地环境的严酷程度;又与混凝土的抗冻等级直接联系,可以由室内快冻试验结果直接预测混凝土的耐用年限。

基于文献[7-10]和文献[7-14],用n_{eq}表示特征地区的年均等效室内冻融循环次数,有:

$$n_{eq}=Kn_{act}/S \tag{7-3}$$

式中:S为混凝土的室内外冻融损伤比例系数,K为混凝土在发生冻融循环时的饱含水时间比例系数。

7.2.2.1　室内外冻融损伤比例系数S

室内外冻融损伤比例系数S的物理意义是达到相同损伤时,标准室内冻融一次相当于天然条件下的冻融次数。关于室内外冻融损伤比例系数的研究,一般是通过相同配比混凝土在室内标准快冻试验和某一现场自然冻融循环环境下的试验或实测进行经验性的统计取值[7-11,7-12]。然而,不同地区的环境条件千差万别,对每个地区进行对比试验将会耗费大量的人力物力,并且将是一个非常漫长的过程,非朝夕可成,目前这方面的数据积累也几近空白。

对于饱水状态下的混凝土,可认为其为饱水状态,与室内快冻试验混凝土的饱水条件近似相同。在这种前提下,室内外冻融循环环境的差异主要取决于降温速率、冰冻时长和冰冻最低温度等温度作用的差异。本章在文献[7-13]的理论基础上寻求一种更易于被工程应用的计算室内外冻融循环损伤差别的方法,以现场最冷月的平均降温速率来表征现场冻融循环环境的降温速率,得到S为:

$$S=\left(\frac{\dot{T}_0}{\dot{T}}\right)^{\zeta}=\left(\frac{\Delta T_0/t_0}{\Delta T/t}\right)^{\zeta} \tag{7-4}$$

式中:$\dot{T}$为现场发生冻融循环时的年平均降温速率;$\dot{T}_0$为实验室标准快冻条件下的降温速率;ζ为与材料有关的参数,可在实验室内测量得到;ΔT和t分别代表相应环境下的降温温差与降温时间间隔。

现场发生冻融循环时的降温速率 $\dot{T}$ 近似按照1月平均温差与降温时间间隔之比来确定,这主要考虑了两个因素:①通过对全国近200个城市近30~50年的历史气象数据的分析发现,各地四季温差变化遵循相同的变化规律,且冬季(12月、1月、2月)日平均温差与1月日平均温差非常相近(图7-5);②在进行现场冻融破坏研究时,多以1月气温变化作为特征参数或分异标志。自然界气温通常在13:00—14:00时气温达到最高值,凌晨2时左右达到最低值,本章近似取降温时间间隔为12 h,全国1月平均降温速率等值分布图见图7-6。

室内冻融循环降温速率 $\dot{T}_0$ 取为室内降温温差与降温时间间隔的比值,根据《水工混凝土试验规程》(SL 352—2006),取12.5 ℃/h。

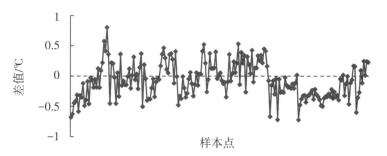

图7-5　1月平均温差与冬季平均温差的差值

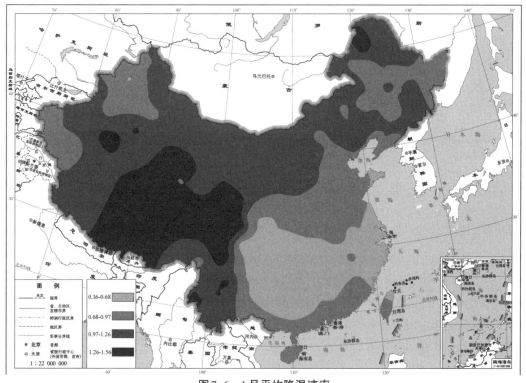

图7-6　1月平均降温速率

7.2.2.2　饱含水时间比例系数K

混凝土的水饱和程度是影响其冻融破坏的关键参数,而发生冻融循环期内的混凝土饱含水时间比例与混凝土的耐久寿命直接相关。混凝土发生冻融破坏的结构类型具有多样性,如混凝土路桥、机场跑道、热电站冷却塔、给水和水处理结构、海港和码头、工业和民用建筑物等,其所处的环境状况以及与水接触的情况都有很大的不同,并且即使同一环境下的不同构件、构件的不同朝向都存在着很大差别。

混凝土面层附近一定厚度范围内(20～50 mm)的饱和度受外界相对湿度快速变化的影响会出现大幅度的变化[7-14,7-15],并且相同环境条件下,距混凝土表面越深处,其年冻融循环次数越少[7-16],加之混凝土发生冻融破坏往往是表层的混凝土先破坏,再逐步向里发展,所以受外界湿度变化影响较大的混凝土表层应是予以考虑的关键部分。

饱含水时间比例系数K是指有冻融循环作用情况时混凝土的饱水情况,定义为混凝土在冻融循环期内处于饱水状态的时间比例。一般大气环境中,混凝土的饱水情况受降水量与降水时长的影响,主要为降水时长[7-17]。由此,可近似采用降水频率来表征不同地区混凝土饱含水时间比例。但是,统计每个城市的降水频率并不容易实现,一是历史数据多有缺失,二是工作量也较为烦琐。考虑利用下式近似估计混凝土的饱含水时间比例系数K:

$$K = bK_0 \tag{7-5}$$

式中:K_0为基准地区的混凝土饱含水时间比例系数,取为冻融循环时间(取12月、1月、2月)内降水量不低于0.1 mm降水日数出现的频率;b为对不同地区饱含水时间比例系数修正系数。

对200个城市的年均相对湿度与年均降水频率进行相关性分析,其统计关系如图7-7所示,两者整体趋势上存在着线性的对应关系。以各地环境相对湿度的差异考虑降水频率的差异,修正系数b可取为:

$$b = \frac{RH}{RH_0} \tag{7-6}$$

式中:RH为目标地区冻融循环时间(取12月、1月、2月)内的平均相对湿度,RH_0为所选基准地区该时段内的平均相对湿度。

上述内容是对一般大气环境冻融期内含水时间比例系数进行预估的一种思考方法,以此区分不同地区一般大气环境下其冻融破坏程度的强弱,而非精确评估。对于一般大气环境,由于混凝土内的水饱和度一般小于极限水饱和度,混凝土结构的冻融破坏不易发生。

鉴于实际环境的多样性,无法给出普适性的计算公式。即使同一环境下的不同构件、构件的不同朝向都存在着些许差别,应根据所在地区与目标工程的实际情况确定该系数:对于一般大气环境中的混凝土结构,由于混凝土内的水饱和度一般小于其极限水饱和度,混凝土结构的冻融破坏不易发生,但应考虑降雨与降雪情况对暴露面的影响;对于频繁接触水的混凝土结构,K的值可近似考虑为1;对于更多的情况,混凝土在冻融发生期间内的饱含水时间比例系数需要根据所在地区与目标工程的实际情况进行确定。

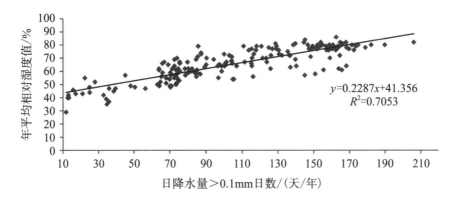

图7-7　年均相对湿度与年均日降水量>0.1 mm日数的关系

7.2.2.3　工程实例验证

北京十三陵地区冬季最低温度达-30℃,是典型的受冻区。结合国家"九五"科技攻关项目"重点工程混凝土安全性的研究",中国水利水电科学研究院[7-13]在北京十三陵抽水蓄能电站建立混凝土抗冻耐久性的现场试验基地,进行了几种具有相同材料配合比与含气量的混凝土在不同冻融时间下的室内外对比试验(其中室内试验采用了标准快速冻融试验方法),分别测量了相同相对动弹性模量损失下的室内外冻融循环次数,得到了冻融混凝土室内外损伤的关系。

利用北京地区近50年的气温资料[7-10],得到北京地区的平均降温速率为0.867 ℃/h,室内外冻融损伤比例系数为$S=12.5$,现场冻融循环次数为84次/年,等效室内冻融循环次数为6.75次/年。计算中,材料参数ξ取为0.946[7-18],混凝土考虑为频繁接水,饱含水时间比例系数K取为1。预测曲线与十三陵现场实测数据的比较如图7-8所示,可以看出,预测值与实测值两者符合较好。北京十三陵地区的平均室内外对比关系:实测结果为一次快速冻融循环相当于自然条件下12次冻融循环,与根据式(7-3)对北京整体地区的计算值12.5非常相近。

7.2.3　现场冻融混凝土的寿命预测

对于具体混凝土工程,可根据实际气象环境数据或实测得到其年均冻融循环次数,再进一步得到该地区的现场年等效室内冻融循环次数 n_{eq},通过试验或经验方法确定工程混凝土在室内快冻试验条件下满足预定极限状态的冻融循环次数,即可方便得知现场冻融条件下混凝土的抗冻耐久寿命。

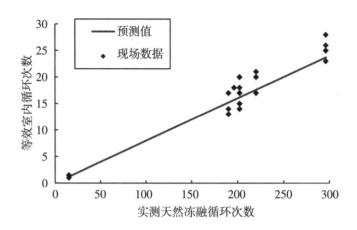

图7-8　十三陵现场实测数据与本章预测值的对比

7.2.3.1　预测模型

混凝土抗冻耐久性的概率预测模型可表示为：

$$p_f = P(N_{eq} > N_F) \leqslant \Phi(-\beta) \tag{7-7}$$

式中：p_f为满足一定可靠指标的失效概率，N_F为室内冻融疲劳寿命(与混凝土抗冻等级F对应)，N_{eq}表示设计使用寿命期内现场冻融循环的等效室内冻融循环次数，可表示为

$$N_{eq} = n_{eq}t_D = Kn_{act}t_D/S \tag{7-8}$$

式中：t_D为耐用年限(年)。

式(7-7)中隐含了冻融循环环境下混凝土耐久性极限状态，即与快冻法的破坏标准相同，取混凝土弹性模量降低至60%或重量损失达5%作为耐久性极限状态。对于可靠指标取$\beta=1.5$，详见5.2.3中的说明。

影响混凝土结构抵抗冻融循环环境作用能力的因素包括水胶比、含气量、气泡性质、外加剂、混凝土强度等结构自身因素。已有研究尝试建立混凝土能经受的抗冻循环次数与混凝土配合比参数之间关系的预估模型[7-13,7-19]，这些模型直接从材料因素考虑混凝土的抗冻耐久性，使用简便，有较大的实用价值。然而，不同模型的预测结果差别很大，如何进行标准化试验，建立混凝土抗冻耐久性预测的典型模型将是今后的研究方向。

7.2.3.2　工程验证

南京水利水电科学研究院[7-14]于1956—1962年先后调查了华北、华东和华南等地的码头、船坞、防波堤及海塘等港工建筑物，并在天津新港等地区制作了与建筑物混凝土具有相同性能的试件，在室内进行确定冻融循环次数的快速冻融试验，研究室内外冻融循环环境的关系，并获取了大量的研究数据。

本章利用天津地区[7-10]近50年的气温资料，得到天津地区的平均降温速率为0.783 ℃/h，室内外冻融损伤比例系数$S=13.75$，现场冻融循环次数为77次/年，等效室内冻融循环次

数为5.6次/年。计算中材料参数ξ取为0.946[7-20]，混凝土考虑为频繁接水，饱含水时间比例系数K取为1。预测值与现场实测数据的比较见表7-2，可以看出，预测值与实测值两者符合较好。

表7-2　新港港口现场实测数据与预测值的对比

工程名称	抗冻等级	年等效室内冻融循环次数	耐用年限预测值	耐用年限调查值
防波堤A类加气钢筋混凝土圈	340	5.6	60.7	50
防波堤40吨加气混凝土方块	350	5.6	62.5	58
防波堤普通混凝土方块	50	5.6	8.9	9
防波堤B类普通钢筋混凝土圈	200	5.6	35.7	36
防波堤C、D类普通钢筋混凝土圈	100	5.6	17.9	20

7.3　环境区划体系

对于冻融循环环境的环境区划分区指标，无疑以等效室内冻融循环次数n_{eq}最为合适。这既是各地环境的严酷程度表征，又与混凝土的抗冻等级直接联系，可直接建立环境区划与分区耐久性设计的联系。

7.3.1　指标计算与预测

根据选定特征城市的实际环境条件，认为n_{act}服从正态分布，变异系数取为实际统计值，假定混凝土处于持续饱水状态，根据公式(7-1)(7-3)计算不同地区的等效室内冻融循环次数，计算中仅考虑频繁接触水的混凝土结构，如寒冷地区的大坝和码头工程等，近似取$K=1.0$，即认为发生冻融循环期间混凝土处于饱水状态，计算结果(图7-9)表明：东北、西北和华北地区的年等效室内冻融循环次数较大，环境作用等级较高，冻融循环作用对混凝土结构的危害主要在这三个地区；青藏高原由于高原气候的影响，区域内的年等效室内冻融循环次数也非常大。

7.3.2　区域环境区划

将计算得出的等效室内冻融循环次数四等分，如图7-10所示，将全国划分为五个区域等级：1、2、3、4、5，按侵蚀严重程度递增，即1级环境作用程度最轻，5级最重。

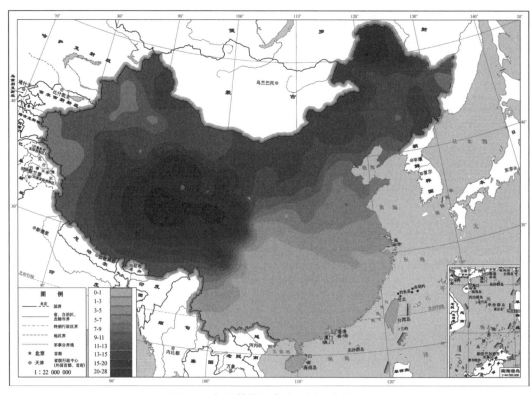

图7-9　年均等效室内冻融循环次数 n_{act}

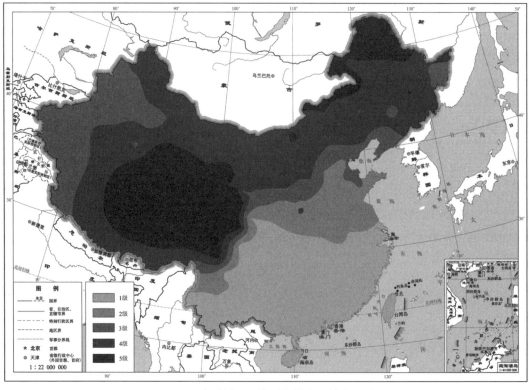

图7-10　冻融循环环境耐久性作用效应区划

通过分析不同地区的现场冻融循环次数 n_{act}、等效室内冻融循环次数 n_{eq}、最冷月平均气温 T_L 三者的关系,对区划图中对应分区的现场冻融循环次数 n_{act}、最冷月平均气温 T_L 两个环境指标的分布情况进行确定。在基准环境下,将各分区的区域特征列于表7-3。

表7-3 冻融循环环境各级耐久性区域的环境特征与作用程度

区划等级	n_{act}(次/年)	n_{eq}(次/年)	T_L(℃)	环境特征与作用程度
1	低于25	低于2	高于2.5	偶冻区,主要包括华南地区和华东、华中的南部,以及西南的东南部。可不考虑冻融循环环境作用
2	低于80	2~6	2.8~2.5	少冻区,主要位于华东和华中中部地区、陕西南部云南和四川西北部分地区
3	低于110	6~10	−3~−10	冻融区,该区域成细带状穿越华北、西北和西南的南部,在新疆与西藏北部也有分布
4	低于150	10~14	−8~−20	冻融区,主要分布于我国北部,包括东北和华北大部分地区,西北和西南部分地区
5	120~140	高于14	低于−20	多冻区,主要位于青藏高原及周边地区、东北北部小部分地区

注:分区环境特征中的指标分布情况统计时不包括较为特殊的青藏高原地区。

7.3.3 环境等级调整

区域环境的环境区划针对的是基准环境,即混凝土长期饱水的无盐冻融循环环境。然而,结构在服役过程中,结构构件具体的工作环境却不一定是频繁接触水的环境状况。由于本章在对冻融循环环境的环境区划中已经考虑了与温度相关的因素,且不考虑盐冻的情况,环境区划等级的调整只需考虑混凝土的饱水情况。

实际工程的具体应用中,基于基准环境,根据结构的实际饱水情况对具体环境的环境区划等级的调整方法见表7-4。表7-4中,"−1"表示在区划结果的基础上将作用等级降低一级;"*"表示宜按实际情况酌情处理,可不做调整或降低一级;若调整后作用等级低于一级,按照一级考虑。

表7-4 考虑混凝土饱含水时间的区划等级调整

内容	K值				
	>0.9	0.8~0.9	0.6~0.8	0.4~0.6	<0.4
等级调整	不做调整	−1*	−1	−2	−3

参考文献

［7-1］ 李晔,姚祖康,孙旭毅,等.铺面水泥混凝土冻融循环环境量化研究.同济大学学报(自然科学版),2004,32(10):1408-1412.

［7-2］ 中华人民共和国住房和城乡建设部.混凝土结构耐久性设计规范:GB/T 50476—2008.北京:中国建筑工业出版社,2008.

［7-3］ 中华人民共和国住房和城乡建设部.混凝土结构设计规范:GB 50010—2010.北京:中国建筑工业出版社,2010.

［7-4］ Concrete-Part 1:Specification, performance, production and conformity:EN 206-1.[S.l.:s.n.],2013.

［7-5］ ACI Committee 318.Building code requirement for structure concrete and commentary:ACI 318M-05. Los Angeles:ACI Committee,2005.

［7-6］ Swedish Building Centre.High performance concrete structures-design handbook. Stockholm:Elanders Svenskt AB,2000.

［7-7］ Eurocode 2:design of concrete structures:BS EN 1992. Brussels:The Standards Policy and Strategy Committee,2004.

［7-8］ 中国气象局国家气象信息中心.中国气象科学数据共享服务.http://cdc.cma.gov.cn/index.jsp.

［7-9］ Concrete-Part1:Specification, performance, production, and conformity:BSI BS EN 206-1:2000. London:British Standards Institution,2001.

［7-10］ 邸小坛,周燕,顾红祥.WD13823的概念与结构耐久性设计方法研讨//第四届混凝土结构耐久性科技论坛论文集:混凝土结构耐久性设计与评估方法.北京:机械工业出版社,2006:80-92.

［7-11］ 李金玉.冻融循环环境下混凝土结构的耐久性设计与施工//混凝土结构耐久性设计与施工指南.北京:中国建筑工业出版社,2004:120-129.

［7-12］ 林宝玉.我国港工混凝土抗冻耐久性指标的研究与实践//混凝土结构耐久性设计与施工指南.北京:中国建筑工业出版社,2004:158-168.

［7-13］ 刘西拉,唐光普.现场环境下混凝土冻融耐久性预测方法研究.岩石力学与工程学报,2007,26(12):2412-2419.

［7-14］ 陆秀峰,刘西拉,覃维祖.自然环境条件下混凝土孔隙水饱和度分布.四川建筑科学研究,2007,33(5):114-117.

［7-15］ Geiker M R,Laugesen P. On the effect of laboratory conditioning and freeze/thaw exposure on moisture profiles in HPC. Cement and Concrete Research,2001,31(12):1831-1836.

［7-16］ Dempsey B J,Herlache W A,Patel A J. Climatic-rnaterials-strucrural pavement analysis program. Washington D C:Transportation Research Board,1986.

［7-17］ Andrade C,Sarría J,Alonso C. Relative humidity in the interior of concrete exposed to natural and artificial weathering. Cement and Concrete Research,1999,29(8):1249-1259.

［7-18］ 蔡昊.混凝土抗冻耐久性预测模型.北京:清华大学,1998.

［7-19］ 李晔,姚祖康,孙旭毅,等.铺面水泥混凝土抗冻标号预估模型.长安大学学报(自然科学版),2005,25(2):21-25.

8 基于环境区划的耐久性设计方法

基于建立的混凝土结构耐久性设计区划研究总体框架,本书中第5、6、7章,分别针对一般大气环境、海洋氯化物环境和冻融循环环境三种特定环境下的环境作用效应特征与混凝土结构耐久性劣化特征,对混凝土结构耐久性环境区划方法进行了讨论和分析,建立了针对不同环境的混凝土结构耐久性设计环境区划体系,并在分析过程中依托相关数据,针对全国大区域范围对每种环境进行了区划,完成了针对全国版图的混凝土结构耐久性环境区划。

基于区划的混凝土结构耐久性设计是混凝土结构耐久性设计区划研究的最终目的,即提出每个环境分区满足规定条件的耐久性设计规定,建立基于区划的设计规定和设计方法体系,以指导工程实践。

本章基于第5、6、7章建立的混凝土结构耐久性环境区划体系,首先给出基准环境不同分区(针对对应章节的区划图)中的标准试件满足结构耐久性要求的构造规定。然后,根据不同环境下混凝土结构耐久性劣化机理与预测模型,给出相对于基准环境的各项修正系数。最后,综合给出基于环境区划的混凝土结构耐久性设计方法和基于可靠度的耐久性设计方法相等效的确定性耐久性设计方法的应用流程。

8.1 一般大气环境区划与分区设计规定

8.1.1 环境区划相关成果

在基准环境下的全国碳化侵蚀破坏机理下的环境作用效应区划图,如图8-1所示,共划分为5个区域等级:1、2、3、4、5,从1至5为侵蚀严重程度递增。

将各分区的区域特征列于表8-1。表8-1中提到的耐久年限 t 考虑的是标准内部参照条件(标准试件)在各地实际环境下的寿命预测值,碳化深度 X_{50} 是指标准试件在已定地区环境条件下暴露50 a后的碳化深度预测值;基准环境为一般大气环境的非干湿交替的露天环境。

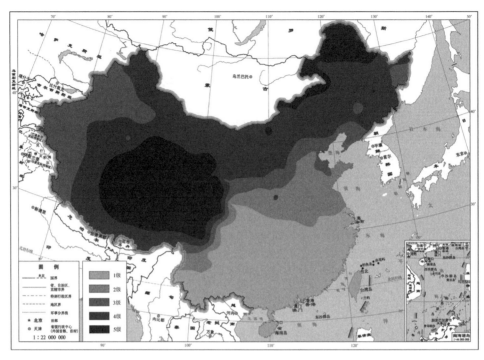

图8-1　一般大气环境下非干湿交替的露天环境的环境作用效应区划图

表8-1　一般大气环境下非干湿交替露天环境各级耐久性区域的环境特征与作用程度

区划等级	k_E	X_{50} / mm	t /a	环境特征与作用程度
1	0.025~0.03	14.3~16.7	160~223	年平均温度在0~5℃,年平均相对湿度在55%~70%;主要位于东北和青海部分地区。由于温度较低,碳化速度很慢
2	0.03~0.034	16.7~19.0	126~162	可分为两类特征地区:①年平均温度在3~5℃,年平均相对湿度在40%~60%;②年平均气温在15~18℃,年平均相对湿度在70%~80%。两类地区由于温度偏低或相对湿度较大,碳化速率仍较为缓慢
3	0.034~0.038	19.0~21.5	100~126	年平均温度在5~22℃,年平均相对湿度在40%~80%,覆盖范围较广,主要分布在华北、华中、西北、华东和西南大部分地区。碳化作用较快
4	0.038~0.042	21.5~23.6	81~100	可分为两类特征地区:①年平均温度在10~17℃,年平均相对湿度在40%~60%,主要位于华北和西北部分地区;②年平均温度在20℃左右,年平均相对湿度在75%以上,主要位于华南湿热地区。年均温度与相对湿度均非常有利于碳化发展,碳化速率非常快
5	0.042~0.047	23.6~26.1	81~66	在4级区域内分布且范围较小

基于基准环境,对局部环境的环境区划等级的调整方法见表8-2。"-1""+1"分别表示在基准环境的区划结果上将作用等级降低一级或增加一级。按表8-1调整后的环境区划等级低于1级时,按1级考虑;5级区的干湿交替环境调整后为6级,记为5+级。

表8-2 一般大气环境下局部环境的环境区划等级的调整

环境条件	结构构件示例	调整方法
室内干燥环境	常年干燥、低湿度环境中的室内构件	-1
永久的静水浸没环境	所有表面均永久处于静水下的构件	
非干湿交替的室内潮湿环境	中、高湿度环境中的室内构件 不接触或偶尔接触雨水的室外构件	酌情
非干湿交替的露天环境	长期与水或湿润土体接触的构件	—
长期湿润环境	与冷凝水、露水或与蒸汽频繁接触的室内构件 地下室顶板构件	
干湿交替环境	表面频繁淋雨或频繁与水接触的室外构件 处于水位变动区的构件	+1

8.1.2 分区设计规定

8.1.2.1 标准试件的设计规定

基于建立的混凝土结构耐久性环境区划体系,首先给出基准环境不同分区(针对区划图,图8-1)标准试件满足结构耐久性要求的构造规定。50年基准年限的标准试件,即混凝土28 d立方体抗压强度f_{cu}=30 MPa时的设计规定见表8-3。

对于局部环境的混凝土结构耐久性设计,按照表8-4对环境区划等级进行调整后,根据对应的区划等级,按表8-3进行设计。对于5+级的干湿交替环境,标准试件的构造规定在对应的5级基础上,增加5 mm;对于-1级的环境区划等级,按1级进行设计。

表8-3 一般大气环境下标准试件的X_{50}耐久性设计建议值

区划等级	1	2	3	4	5
计算值/mm	14.3～16.7	16.7～19	19～21.5	21.5～23.6	23.6～26.1
建议值/mm	17	19	22	24	27

8.1.2.2 材料修正

表8-3为标准试件在不同分区的耐久性设计构造规定。按照5.3.1中相同的计算方法,计算混凝土28 d立方体抗压强度f_{cu}分别为20 MPa、25 MPa、35 MPa、40 MPa、45 MPa、

50 MPa、55 MPa、60 MPa、65 MPa、70 MPa时的虚拟试件在不同地区暴露50年后的碳化侵蚀深度X_{50}(或称为保证50年使用年限所需的保护层厚度),记ζ_i为材料修正系数,有

$$\zeta_i = \frac{X_{50}(f_{cu}=f_{cui})}{X_{50}(f_{cu}=30MPa)} \tag{8-1}$$

针对不同的混凝土28 d立方体抗压强度f_{cui},基于建立的概率预测方法分别计算各地的X_{50},利用式(8-1)得到该抗压强度相对于标准试件的ζ_i的一系列值,分析得到不同抗压强度对应的材料修正系数建议值见表8-4。

图8-2为混凝土28 d立方体抗压强度f_{cui}=20 MPa时,不同地区的材料修正系数的数值与其概率密度分布特征。可以看出,对于不同的抗压强度,各地ζ_i的值相差很小,基本围绕其平均值做很小的波动,变异系数为0.006。其他强度条件与此类似。因此,表8-4中ζ_i的取值均为该强度条件下的平均值。

表8-4　一般大气环境下材料修正系数建议值

项目	f_{cui}/MPa										
	20	25	30	35	40	45	50	55	60	65	70
ζ_i	1.54	1.23	1	0.82	0.68	0.56	0.46	0.37	0.30	0.23	0.17

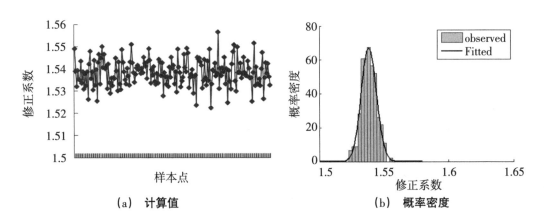

（a）　计算值　　　　　　　　　　（b）　概率密度

图8-2　修正系数数值与分布

8.1.2.3　时间修正

本书中研究内容所定的参照时间为50年,所有的研究结果均基于这个基准年限。当考虑不同的设计年限时,需要考虑时间上的修正。由式(5-7)的时间对混凝土碳化速率的影响系数,有时间修正系数ζ_t可表示为:

$$\zeta_t = \frac{3.61 \cdot \sqrt{t}}{3.61 \cdot \sqrt{50}} = 0.14\sqrt{t} \tag{8-2}$$

利用式(8-2)得到不同年限相对于基准时间的ζ_t的一系列值,对应的时间修正系数建

议值见表8-5。

表8-5　一般大气环境下时间修正系数建议值

内容	t/a									
	10	20	30	40	50	60	70	80	90	100
ζ_t	0.44	0.63	0.77	0.89	0.99	1.08	1.17	1.25	1.33	1.40

8.1.3　设计方法与流程

本节对于设计方法分两个方面进行介绍,包括:①基于5.3与8.1.2中具体研究成果和指标规定的基于环境区划的混凝土结构耐久性设计方法;②与基于可靠度的耐久性设计方法相等效的确定性耐久性设计方法,以满足有较高设计要求的工程设计人员需求。

8.1.3.1　基于区划的设计方法与流程

针对具体工程在一般大气环境下的耐久性设计,运用本章的区划设计方法,可按如下步骤进行。

（1）按照工程的地理位置从图8-1中确定其基准环境的环境区化等级。

（2）根据局部环境条件,按表8-2考虑是否需要对环境区划等级进行修正。

（3）按照已确定的环境区划等级,参照表8-3的设计规定选定标准试件的耐久性设计构造参数X_{50}。

（4）按照工程的混凝土28 d立方体抗压强度f_{cui},根据表8-4确定材料修正系数ζ_i。

（5）按照工程的预期使用年限t,根据表8-5或式(8-2)确定时间修正系数ζ_t。

（6）计算工程设计构造参数,即保护层厚度X,$X = X_{50}\zeta_i\zeta_t$。

（7）设计经验总结。将具体工程的工程概况、设计经验进行反馈,建立基于耐久性设计区划的经验数据库,最终形成完善的耐久性设计区划标准,用于直接指导混凝土结构的耐久性设计。

8.1.3.2　等效的确定性设计计算方法

基于可靠度的概率分析方法,虽然能考虑工程实际问题的复杂性和信息的随机性,考虑到参数的不确定性和分布特征,在实际工程设计中推广应用却有一定的难度。本节针对基准环境,给出与混凝土结构耐久性设计区划研究中的概率分析方法等效的确定性设计计算方法,不必借助程序和特定的学科知识即可实现,一来可以满足不同层次工程人员的需求,二来也可以对设计规定值进行校核。

引入耐久性总体分项系数γ_d,结合式(5-2)(5-8)(5-10),得到确定性设计计算的等效公式:

$$X(t)=3.61\gamma_{d}k_{Em}\left(\frac{264.1}{\sqrt{f_{cum}}}-30.87\right)\sqrt{t} \qquad (8\text{-}3)$$

式中：γ_{d} 为总体分项系数，统计分析得到其取值为 1.27；k_{Em}、f_{cum} 分别为相应参数的平均值；环境作用系数 k_{Em} 按照表 8-6 选取。

运用式(8-3)进行耐久性设计计算时，首先按照工程的地理位置从图 8-1 中确定其基准环境的区域与作用等级，然后按表 8-6 确定环境作用系数 k_{Em}，引入工程要求中相应的时间与抗压强度即可计算得到满足该区域规定条件的保护层厚度。

表 8-6　各级区域的环境作用系数

内容	区划等级				
	1	2	3	4	5
k_{Em}	0.025～0.03	0.03～0.034	0.034～0.038	0.038～0.042	0.042～0.047

8.2　海洋氯化物环境区划与分区设计规定

8.2.1　海洋氯化物环境区划

一般无冻融海洋氯化物环境对配筋混凝土的环境作用效应区划等级，对海洋竖向环境以海水浸润时间比 k_{JR} 为分区指标，对于近海大气环境以离海岸距离 d 为分区指标，如图 8-3 所示，各分区的区域特征分别见表 8-7 和表 8-8。表中 X_{50} 是指标准试件在已定地区环境条件下暴露 50 a 后的氯化物侵蚀深度预测值。

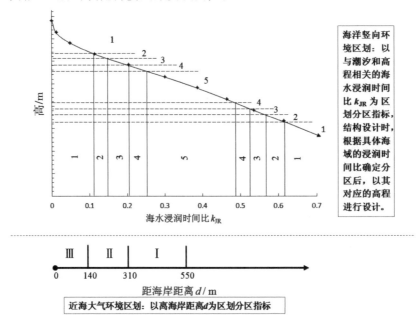

图 8-3　一般无冻融海洋氯化物环境的环境作用效应区划图

表8-7 海洋竖向环境耐久性区划等级与作用特征

区划等级	k_{JR}	X_{50}/mm
1	高于0.61或低于0.11	低于98
2	0.11～0.148或0.567～0.616	98～109
3	0.148～0.204或0.525～0.567	109～120
4	0.204～0.253或0.488～0.525	120～131
5	0.253～0.488	131～142

表8-8 近海大气环境耐久性区划等级与作用特征

区划等级	d/m	X_{50}/mm
Ⅰ	310～550	12.9～24.8
Ⅱ	140～310	24.8～36.6
Ⅲ	0～140	36.6～48.5

8.2.2 分区设计规定

8.2.2.1 标准试件的设计规定

基于建立的海洋氯化物环境下混凝土结构耐久性环境区划体系,首先给出基准环境不同分区标准试件满足结构耐久性要求的构造规定。根据本书中6.3的计算结果,50年基准年限的标准试件,即混凝土水胶比 w/b＝0.45时的设计规定见表8-9。

表8-9 海洋氯化物环境标准试件的 X_{50} 耐久性设计建议值

区划等级	海洋竖向基准环境					近海大气基准环境		
	1	2	3	4	5	Ⅰ	Ⅱ	Ⅲ
建议值/mm	100	110	120	130	145	25	40	50

8.2.2.2 材料修正

表8-9为标准试件在不同分区的耐久性设计构造规定。按照与6.3.1相同的计算方法,计算混凝土水胶比 $w/b_{(i)}$ 分别为0.2、0.25、0.3、0.35、0.4、0.45、0.5、0.55、0.6、0.65时的虚拟试件在不同地区暴露50年后的氯离子侵蚀深度 X_{50}(或称,为保证50年使用年限所需的保护层厚度),记 ζ_i 为材料修正系数,有

$$\zeta_i = \frac{X_{50}(w/b = w/b_{(i)})}{X_{50}(w/b = 0.45)} \quad\quad (8-4)$$

针对不同的混凝土水胶比 $w/b_{(i)}$，基于建立的概率预测方法分别计算各地的 X_{50}，利用式 (8-4) 得到相对于标准试件的材料修正系数 ζ_i 的一系列值，分析得到相应水胶比 $w/b_{(i)}$ 对应的材料修正系数建议值见表8-10。

表8-10　海洋氯化物环境水胶比修正系数建议值

$w/b_{(i)}$	0.20	0.25	0.30	0.35	0.40	0.45	0.50	0.55	0.60	0.65
ζ_i	0.51	0.58	0.66	0.76	0.88	1.00	0.89	0.80	0.73	0.69

从表8-10可以看出，当水胶比大于0.45以后，ζ_i 的值反而减小，即相同设计年限所需保护层厚度反而较0.45水胶比的混凝土保护层厚度为小。这主要是由于龄期系数 n 的取值影响，由 n 随 w/b 变化关系式(6-10)，当 w/b 增大时，n 亦增大，混凝土表观扩散系数衰减越快。这使 w/b 较大的混凝土在暴露初期氯离子向混凝土内扩散的速度较 w/b 较小者为快，然而，由于表观扩散系数的快速衰减，当暴露一定时间后，其扩散系数反而比 w/b 较小的混凝土为小，逐渐表现出对混凝土抗氯离子侵蚀更高的能力。

8.2.2.3　时间修正

研究的参照时间为50年，所有的研究结果均基于这个基准年限。当考虑不同的设计年限时，需要考虑时间上的修正。

按照本文6.3.1中相同的计算方法，计算混凝土暴露时间 t_i 分别为10、30、50、75、100年时，虚拟试件在不同地区的氯离子侵蚀深度 X（或称，为保证相应使用年限所需的保护层厚度），记 ζ_t 为时间修正系数，有

$$\zeta_t = \frac{X(t = t_i)}{X_{50}(t = 50)} \quad\quad (8-5)$$

利用式(8-5)得到不同年限相对于基准年限的 ζ_t 的一系列值，对应的时间修正系数建议值见表8-11。

表8-11　海洋氯化物环境时间修正系数建议值

t/a	10	30	50	75	100
ζ_t	0.53	0.78	1.00	1.23	1.42

8.2.2.4　环境修正

8.2.2.1中标准试件的设计规定，针对的是基准环境，即海洋竖向环境的嘉兴乍浦港区和近海大气环境的海南万宁东海岸。不同地区海洋环境的环境因素存在差异，其相应分区的耐久性设计规定需基于基准环境进行调整。

记ζ_T为温度修正系数,ζ_{Cl}为海水氯离子含量修正系数,针对乍浦港区基准环境(T=15.9 ℃,C_{Cl}=0.59%)和万宁东海岸基准环境(T=24.2 ℃,C_{Cl}=1.9%)分别给出对海洋竖向环境和近海大气环境的环境修正系数建议值如表8-12和表8-13。

表8-12　海洋氯化物环境温度修正系数建议值

	T/℃	0	5	10	15	20	25	30	35	40
ζ_T	海洋竖向	0.696	0.784	0.876	0.984	1.096	1.207	1.337	1.469	1.62
	近海大气	0.586	0.657	0.735	0.824	0.924	1.030	1.126	1.246	1.367

表8-13　海洋氯化物环境氯离子含量修正系数建议值

	C_{Cl}/%	0	0.5	1.0	1.5	2.0	2.5
ζ_{Cl}	海洋竖向	1.194	1.031	0.963	0.925	0.897	0.865
	近海大气	1.302	1.134	1.063	1.028	0.980	0.950

8.2.3　设计方法与流程

本节对于设计方法分两个方面进行介绍,包括:①基于本文的6.3与8.2.2节中具体研究成果和指标规定的基于环境区划的混凝土结构耐久性设计方法;②与基于可靠度的耐久性设计方法相等效的确定性耐久性设计方法。

8.2.3.1　基于区划的设计方法与流程

针对具体工程在海洋氯化物环境下的混凝土结构耐久性设计,运用本章的区划设计方法,可按如下步骤进行。

(1)按照工程所处位置的海水浸润时间比k_{JR}或离海岸距离d,根据表8-7或表8-8确定其基准环境所处的环境区划等级。

(2)按照已确定的环境区划等级,参照表8-9的设计规定选定标准试件在基准环境下的耐久性设计构造参数,X_{50}。

(3)按照工程混凝土设计水胶比$w/b_{(i)}$,根据表8-10确定材料修正系数ζ_i。

(4)按照工程的预期使用年限t,根据表8-11确定时间修正系数ζ_t。

(5)根据工程所处环境的温度T与海水氯离子含量C_{Cl},按照表8-12确定温度修正系数ζ_T,表8-13确定氯离子含量修正系数ζ_{Cl}。

(6)计算工程设计构造参数,即保护层厚度X,$X=X_{50}\zeta_i\zeta_t\zeta_T\zeta_{Cl}$。

(7)设计经验总结。将具体工程的工程概况、设计经验进行反馈,建立基于耐久性设计区划的经验数据库,最终形成完善的耐久性设计区划标准,用于直接指导混凝土结构的耐久性设计。

8.2.3.2　等效的确定性设计计算方法

　　针对基准环境,本书给出了与混凝土结构耐久性设计区划研究中的概率分析方法相等效的确定性设计计算方法,从而不必借助程序和特定的学科知识即可实现。这样,既可以满足不同层次工程技术人员的需求,也可以对设计的规定值进行校核。

　　引入耐久性总体分项系数,结合式(6-3)与(6-4)及相应参数的取值确定与概率分布特征分析,得到确定性设计计算公式:

$$X(t) = 2\gamma_d \sqrt{D_{a,m}t} \cdot \mathrm{erf}^{-1}\left(1 - \frac{C_{cr,m}}{C_{sn,m}}\right) \tag{8-6}$$

式中:γ_d为总体分项系数,统计分析得到其取值为1.79;$D_{a,m}$、$C_{cr,m}$、$C_{sn,m}$分别为相应参数的平均值,按照6.2节中对应的参数分析确定。其中,对于近海大气环境,龄期系数n取为海洋竖向环境高程为$+7.6\,\mathrm{m}$处的值,即海洋竖向环境中混凝土名义表面氯离子浓度随高程增加趋于稳定后的临界高程对应的n值。

　　运用式(8-6)进行海洋氯离子环境下混凝土结构耐久性设计计算,可直接考虑材料、环境和时间等因素对结构耐久性的影响,无须逐一选定相应的修正系数,对于具有一定理论基础的工程技术人员来讲,更具简便和实用性。

8.3　冻融循环环境区划与分区设计规定

8.3.1　冻融循环环境区划

　　混凝土长期饱水的无盐冻融循环环境对混凝土结构的环境作用效应等级区划图如图8-4所示,将全国划分为五个区域等级:1、2、3、4、5,按侵蚀严重程度递增,即1级环境作用程度最轻,5级最重。

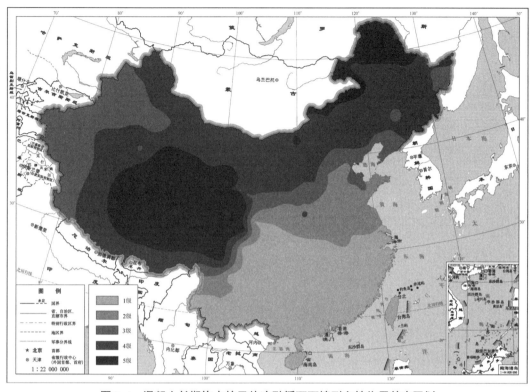

图8-4　混凝土长期饱水的无盐冻融循环环境耐久性作用效应区划

通过分析不同地区的现场冻融循环次数 n_{act}、等效室内冻融循环次数 n_{eq}、最冷月平均气温 T_L 三者的关系,对区划图中对应分区的现场冻融循环次数 n_{act}、最冷月平均气温 T_L 两个环境指标的分布情况进行确定。基准环境下,各分区的区域特征列于表8-14。

表8-14　混凝土长期饱水的无盐环境各级耐久性区域的环境特征与作用程度

区划等级	n_{act}/次·年$^{-1}$	n_{eq}/次·年$^{-1}$	T_L/℃	环境特征与作用程度
1	低于25	低于2	高于2.5	偶冻区,主要包括华南地区和华东、华中的南部,以及西南的东南部。可不考虑冻融循环环境作用
2	低于80	2~6	2.8~2.5	少冻区,主要位于华东和华中中部地区、陕西南部云南和四川西北部分地区
3	低于110	6~10	−3~−10	冻融区,该区域成细带状穿越华北、西北和西南的南部,在新疆与西藏北部也有分布
4	低于150	10~14	−8~−20	冻融区,主要分布于我国北部,包括东北和华北大部分地区,西北和西南部分地区
5	120~140	高于14	低于−20	多冻区,主要位于青藏高原及周边地区、东北北部小部分地区

注:分区环境特征中的指标分布情况统计时不包括较为特殊的青藏高原地区。

实际工程的具体应用中,基于基准环境,根据结构的实际饱水情况对具体环境的环境区划等级的调整方法见表8-15。表8-15中,"-1"表示在区划结果的基础上将作用等级降低一级;"*"表示宜按实际情况酌情处理,可不做调整或降低一级;若调整后作用等级低于一级,按照一级考虑。

表8-15　考虑混凝土饱含水时间的区划等级调整

内容	K				
	>0.9	0.8~0.9	0.6~0.8	0.4~0.6	<0.4
等级调整	不做调整	-1*	-1	-2	-3

8.3.2　分区设计规定

基于建立的混凝土结构耐久性环境区划体系,给出基准环境不同分区(针对区划图,图8-4)的年均等效室内冻融循环次数 n_{eq} 建议值,如表8-16。对于需要进行环境等级调整的冻融循环环境条件,按照表8-15对环境区划等级进行调整后,根据对应的区划等级,设计用 n_{eq} 按表8-16进行取值。

表8-16　n_{eq}耐久性设计建议值

内容	区划等级				
	1	2	3	4	5
计算值(次/年)	0~2	2~6	6~10	10~14	14~28
建议值(次/年)	2	6	10	14	28

对于设计使用年限为 t 年的混凝土抗冻耐久性设计,满足混凝土结构耐久性设计要求的混凝土材料抗冻等级 F 按下式计算得到:

$$F = n_{eq} \cdot t \tag{8-7}$$

8.3.3　设计方法与流程

本节针对混凝土冻融循环环境的区划研究与分区数据,介绍基于环境区划的混凝土结构抗冻耐久性设计方法。运用本章的区划设计方法,对于某地区的抗冻耐久性设计可按如下步骤进行。

(1)按照工程的地理位置从图8-4中确定其基准环境的区划等级。

(2)根据具体环境条件的混凝土饱水情况,按照其饱含水时间按表8-15考虑是否需要对环境区划等级进行修正。

(3)按照已确定的环境区划等级,参照表8-16的设计规定选定该地区的耐久性设计

参数 n_{eq}。

（4）按照工程的预期使用年限 t，根据式（8-7）确定工程中所需混凝土的抗冻等级 F。

（5）按照对工程混凝土所需的抗冻等级 F，对工程混凝土进行抗冻性设计。

（6）设计经验总结。将具体工程的实际情况、设计经验、服役状态进行动态反馈，建立基于抗冻耐久性设计区划的经验数据库，最终形成完善的设计区划标准，用于指导混凝土结构的抗冻耐久性设计。

8.4 耐久性环境区划方法的应用

利用本书建立的混凝土结构耐久性环境区划方法体系对工程结构进行耐久性设计的流程如图8-5所示。设计流程包括资料调查与收集、环境类别空间的分析与确定、不同环境类别空间下构件环境区划等级确定与分区耐久性设计、结构构件耐久性设计结果整合和结构设计规定校核五大部分。

结合图8-5，对于一般大气环境、海洋氯化物环境和冻融循环环境，应用本书中建立的混凝土结构耐久性环境区划方法体系（环境区划体系和分区设计体系）对实际工程进行耐久性设计的具体实施方法如下。

（1）调查服役环境空间的环境、气象和水文等数据资料，分析确定服役环境空间包含的环境类别空间。

（2）收集工程的结构设计与配合比资料，包括胶凝材料类型、混凝土抗压强度、水胶比、外加剂、结构设计的保护层厚度等数据。

（3）对于不同的环境类别空间分别确定结构构件的环境区划等级，并结合设计资料对构件进行分类和编号。方法如下。

①当环境类别空间为一般大气环境时，首先由对应的环境作用效应区划图（图8-1）确定基准环境下结构所处的环境区划等级，再根据结构构件所处的局部环境按照给出的环境区划等级调整方法（表8-2）确定各个构件的区划等级，按表8-17进行。若构件同时处于一种以上的局部环境，按照区划等级较高者确定构件的最终环境区划等级。将设计使用年限、抗压强度和调整后环境区划等级相同的构件分为一类，进行编号，列于表8-17。

②当环境类别空间为海洋氯化物环境时：1）对于海洋竖向环境，首先根据海域的潮汐资料计算海水浸润时间比 k_{JR} 随高程的变化规律（方法见文献[8-1]）。根据每个构件所处的高程判断其覆盖的 k_{JR} 取值范围确定构件的环境区划等级（图6-18、表8-7或图8-3），若同时覆盖多个区划等级，按照级别较高者确定构件的环境区划等级。2）对于近海大气环境，由结构地理位置根据离海岸距离 d 确定结构所处的环境区划等级（图6-19或表8-8）。操作时按表8-18进行。确定构件的环境区划等级后，将具有相同设计使用年限、水胶比和环境区划等级的构件分为一类，采用相同的编号进行编号。

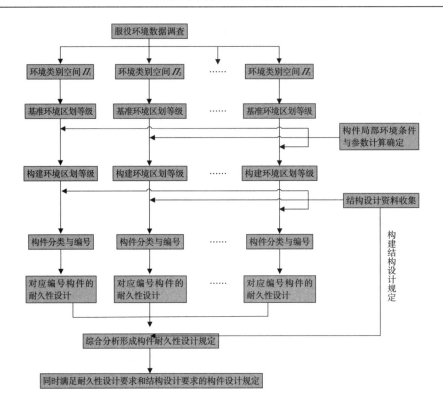

图8-5 混凝土结构耐久性设计区划方法应用流程

表8-17 一般大气环境下构件环境区划等级

基准环境区划等级：＿＿＿＿＿＿＿＿

构件名称	设计使用年限/年	抗压强度/MPa	环境条件	调整方法	区划等级	编号
...	...	...	...	...	...	...

表8-18   海洋氯化物环境下构件环境区划等级

结构所处环境类别：＿＿＿＿＿＿＿＿   （海洋竖向环境/近海大气环境）

构件名称	设计使用年限/年	水胶比	$k_{JR}(-)/d(m)$	区划等级	编号
…	…	…	…	…	…

③当环境类别空间为冻融循环环境时,首先由对应的环境作用效应区划图(图7-10或图8-4)确定基准环境下结构所处的环境区划等级,再根据结构构件所处的局部环境确定混凝土饱含水时间比例系数k,按照k的大小对构件的环境区划等级进行调整(表7-3或表8-15),按表8-19进行。构件的区划等级确定后,将具有相同设计使用年限和环境区划等级的构件归为一类,采用相同的编号进行编号。

表8-19   冻融循环环境下构件环境区划等级

基准环境区划等级：＿＿＿＿＿＿＿＿

构件名称	设计使用年限/年	k	调整方法	区划等级	编号
…	…	…	…	…	…

（4）按照环境类别空间,对不同编号的各类别构件进行耐久性设计。方法如下。

①对于一般大气环境,将同一编号的构件的环境区划等级、设计使用年限和混凝土抗压强度数据整理于表8-20,并按照8.1.3中的设计流程确定50年基准年限的保护层设计厚度X_{50}、时间修正系数ζ_t和材料修正系数ζ_i,按照表8-20整理数据得到耐久性设计结果X_C。

表8-20   一般大气环境下构件耐久性设计

编号	环境区划等级	设计使用年限/年	抗压强度/MPa	X_{50}/mm	ζ_t	ζ_i	$X_C=X_{50}\zeta_i\zeta_t$
…	…	…	…	…	…	…	…

②对于海洋氯化物环境,将同一编号的构件的环境区划等级、设计使用年限t_D、水胶比w/b、环境温度T和海水氯离子浓度C_{Cl}数据整理于表8-21,并按照8.2.3中的设计流程确定50年基准年限的保护层设计厚度X_{50}、时间修正系数ζ_t、材料修正系数ζ_i、温度修正系数ζ_T和氯离子含量修正系数ζ_{Cl},按照表8-21整理数据得到耐久性设计结果X_{Cl}。

③对于冻融循环环境,将同一编号的构件的环境区划等级、设计使用年限t_D数据整理于表8-22,并按照8.3.3中的设计流程确定各构件对应的年等效室内冻融循环次数n_{eq},按照表8-22整理数据得到构件所需的抗冻等级F。

表8-21　海洋氯化物环境下构件耐久性设计

T:_____℃, ζ_T:_____, C_{Cl}:_____%, ζ_{Cl}:_____

编号	环境区划等级	t_D/年	w/b	X_{50}/mm	ζ_t	ζ_i	$X_{Cl}=X_{50}\zeta_t\zeta_i\zeta_T\zeta_{Cl}$
…	…	…	…	…	…	…	…

表8-22　冻融循环环境下构件耐久性设计

编号	环境区划等级	t_D/年	n_{eq}/次	$F=n_{eq}t_D$
…	…	…	…	…

(5)对不同环境类别空间中构件的耐久性设计要求进行整理汇总,将各编号对应的设计结果按照表8-23与各构件进行对应,得到各构件耐久性设计结果。

表8-23　构件的耐久性设计指标取值

构件名称	一般大气环境		海洋氯化物环境		冻融循环环境	
	编号	X_C	编号	X_{Cl}	编号	F
…	…	…	…	…	…	…

（6）根据耐久性设计结果，对构件结构设计的相应指标进行校核，构件的设计应同时满足结构设计与耐久性设计两方面的设计要求。

以上给出了利用本书建立的混凝土结构耐久性设计区划方法体系对实际工程进行耐久性设计的一般性流程。但在实际工程中，可以根据工程的具体情况做适当的调整和简化。例如，当某一环境类别空间环境作用效应对结构耐久性的影响明显高于其他环境类别空间时，可以略去针对环境作用效应较弱的环境类别空间中的结构耐久性设计。另外，对一般大气环境、海洋氯化物环境和冻融循环环境三种环境类别空间，设计时可以做如下考虑。

①若海洋氯化物环境和一般大气环境同时存在，可以忽略一般大气环境类别空间下的结构耐久性设计。

②当环境空间中存在冻融循环环境类别空间时，结构设计除需满足其他环境类别空间下的耐久性要求外，应进行工程结构的抗冻耐久性设计或校核。

8.5 工程实例

8.5.1.1 工程概况[8-2~8-5]

某跨海大桥位于杭州湾中部，是国道主干线——同三线跨越杭州湾的便捷通道（见图 8-6），全长 36 km，是目前世界上最长的跨海湾大桥。某跨海大桥建成后将缩短宁波至上海间的陆路距离 120 km。大桥按双向六车道高速公路设计，桥宽 33 m，设计时速 100 km/h，设计使用年限 100 年，总投资约 118 亿元。大桥于 2003 年 11 月开工，经过 43 个月的工程建设，2007 年 6 月全桥贯通，2008 年 5 月 1 日正式通车。

全桥纵断面分区如图 8-7 所示。大桥设南、北两个航道，其中北航道桥为主跨 448 m 的钻石型双塔双索面钢箱梁斜拉桥，通航标准 35000 吨；南航道桥为主跨 318 m 的 A 型单塔双索面钢箱梁斜拉桥，通航标准 3000 吨；中引桥和南引桥水中区为跨度 70 m 预应力混凝土连续箱梁桥，南引桥滩涂区为跨度 5 m 预应力混凝土连续箱梁桥，北引桥和南引桥陆地区采用跨度 30~80 m 现浇混凝土连续箱梁桥。主体结构除航道桥钢箱梁及部分钢管桩外，其余均为混凝土结构，包括钻孔桩、承台、桥墩、索塔、非通航孔箱梁、装饰块和防撞护栏底座等。全桥主要工程数量见表 8-24。

图 8-6　某跨海大桥地理位置图

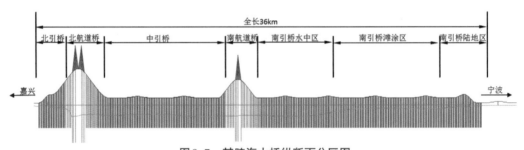

图 8-7　某跨海大桥纵断面分区图

表 8-24　全桥主要工程量

名称	单位	数量
混凝土	万立方米	245
各类钢材	万吨	82
钢管桩	根	5474
钻孔桩	根	3550
各类现浇箱梁	孔	157
50 m预制混凝土箱梁	片	404
70 m预制混凝土箱梁	片	540

（1）环境资料调查。

①气象条件。

杭州湾地处北纬30°附近的东部沿海地区,属典型的亚热带季风湿润气候区,桥区季风显著,四季分明,总的气候特征为气候温和、湿润、多雨。

1）气温及湿度。气温随季节变化明显,常年平均气温在16℃左右,最热月(7月)平均气温为28.3 ℃,最冷月(1月)平均气温为3.7 ℃。极端最高气温为39.1℃,出现在7~8月,极端最低气温为-10.6 ℃,出现在1月。气候湿润,空气中水汽含量高,全年平均相对湿度为81%~82%;最小相对湿度为5%~10%,出现在冬季。

2)降水。降水充沛,慈溪、乍浦累年平均降水量分别为1294.6 mm、1220.2 mm,其中6月最多,平均分别为177.6 mm、173.4 mm,12月最少,平均分别为46.3 mm、40.5 mm。最多年降水量为1754.2~1810.7 mm,最少年降水量为674.8~790.7 mm。

3)风况。全年平均风速3.0 m/s,平均风速的季节性变化不大,乍浦、慈溪累年10 min平均最大风速分别为20.3 m/s、22.6 m/s,均出现在8月,相应的风向分别为东风和东南风;极大风速慈溪、乍浦分别为31.9 m/s(NNE)、32.2 m/s(WSW),分别出现于7月和8月。极大风速≥17.2 m/s或风力≥8级的大风,其风向较集中,主要出现为西北方向和东南方向,慈溪、乍浦全年平均大风日数分别为11.1天、16.3天,全年各月均有大风出现。杭州湾地区是台风影响区,平均为2.56个/年。台风最早影响出现在5月,最迟11月,其中8月出现最多,其次为7月和9月份,风向为东南风(ESE)。

②水文条件。

杭州湾为强潮河口湾,潮汐类型为浅海半日潮,日潮不等现象明显。南航道桥区域潮汐特征值可根据附近乍浦水文站长期验潮资料以及2000年9月和1999年6月桥区南岸短期验潮资料进行分析,成果及设计值详见表8-25、表8-26、表8-27(潮位基准面采用1985国家高程基准面)。

桥区北侧水域乍浦水文站观测资料显示,全年常浪向为NW向,出现频率20.93%,平均波高0.1 m,最大波高0.7 m,次常浪向为E向,出现频率20.39%,平均波高0.2 m,实测最大波高3.0 m,强浪向为ENE~ESE向。从实测波浪资料来看,桥区水域波高较小,水域年平均波高仅为0.2 m,年内约98%的波高小于0.6 m,但受台风影响时,会产生大浪,桥区水域主要受风浪影响,风浪频率达98.72%。

表8-25 设计波要素表

重现期(a)	方位	H1%/m	H4%/m	H13%/m	t/s
300	NE	6.24	5.38	4.41	7.95
	ENE	6.56	5.67	4.71	8.23
	E	5.28	4.53	3.69	7.25
	ESE	5.18	4.44	3.61	7.15
	SE	4.82	4.13	3.35	6.94
100	NE	5.74	4.94	4.04	7.57
	ENE	6.23	5.38	4.46	8.04
	E	4.94	4.23	3.44	6.94
	ESE	4.83	4.13	3.36	6.94
	SE	4.48	3.83	3.10	6.63

续表

重现期(a)	方位	H1%/m	H4%/m	H13%/m	t/s
	NE	4.93	4.23	3.44	6.94
	ENE	5.52	4.75	3.92	7.46
20	E	4.38	3.75	3.04	6.52
	ESE	4.22	3.61	2.92	6.40
	SE	3.99	3.40	2.75	6.28

表8-26　设计潮位

内容	频率P/%						
	0.33	1(99)	2(98)	5	10	20	50
重现期	300	100	50	20	10	5	2
设计高潮位(m)	6.15	5.80	5.55	5.30	5.05	4.78	4.42
设计低潮位(m)	—	-3.58	-3.56	—	—	—	—

注:括号中数值表示低潮位累积频率,与设计低潮位对应。

表8-27　潮汐特征表

项目	乍浦		庵东西二		备注
实测最高潮位(m)	5.54	4.9	4.10	4.31	发生日期 1997年8月19日
实测最低潮位(m)	-4.01	-2.97	-2.96	-2.78	发生日期 1930年9月24日
平均高潮位(m)	2.52	3.31	2.95	3.03	
平均低潮位(m)	-2.12	-2.00	-2.19	-2.11	
最大潮差(m)	7.57	7.44	6.98	6.54	发生日期 1962年8月2日
最小潮差(m)		2.39	3.5	3.55	—
平均潮差(m)	4.65	5.30	5.13	5.13	
平均涨潮历时(h)	5:27	5:22	5:19	5:28	
平均落潮历时(h)	6:59	7:01	7:06	6:57	
统计年限(h)	1930—1999年	2000年9月	1999年5月	1999年5月	

（2）设计资料调查。

某跨海大桥为沿海/海上混凝土结构,根据对该地区在役混凝土结构腐蚀状况的调查结果表明:影响工程混凝土结构耐久性的主导因素为 Cl^- 的侵蚀。大桥耐久性设计中采取的措施主要是对海洋氯化物环境进行了考虑。大桥设计中,首先确定了混凝土结构的耐久性极限状态,即将其设计使用寿命的定义为:在设计基准期内钢筋不发生锈蚀。

针对某跨海大桥服役环境的工程结构腐蚀环境侵蚀作用等级分区见表8-28。工程耐久性设计中主要依据结构构件所处的环境侵蚀等级,参照混凝土结构使用寿命预测理论和国外类似工程的实际运用情况,确定大桥不同环境分区构件的耐久性措施与指标,不同部位混凝土结构典型配合比设计详见表8-29。

表8-28　环境分区及其侵蚀作用级别

级别	环境分区	工程部位
C	浸没于海水的水下区、泥下区	桩基、陆地区承台
D	接触空气中盐分,不与海水直接接触的大气区(10.21 m以上)	箱梁、陆地区桥墩、航道桥中上塔柱
E	水位变化区(-4.56 m～1.88 m)	海中承台
F	浪溅区(1.88 m～10.21 m)	海中桥墩、下塔柱

表8-29　典型配合比与实测性能

| 部位 | 强度等级 | 水胶比 | 每方混凝土各种材料用量(kg) | | | | | | | | 抗压强度/MPa (28 d) | Cl扩散系数 ($\times 10^{-12} m^2 \cdot s^{-1}$) (84 d) |
			水泥	矿粉	粉煤灰	砂	石子	水	减水剂	阻锈剂		
陆上桩基	C25	0.36	165	124	124	754	960	149	4.13	/	39.3	1.37
海上桩基	C30	0.31	264	/	216	753	997	150	5.76	/	53.8	1.57
陆上承台、墩身	C30	0.36	170	85	170	742	1024	153	4.25	/	39.3	1.21
海上承台	C40	0.33	162	81	162	779	1032	134	4.86	8.1	58.4	0.73
湿接头(墩座)	C40	0.33	135	180	90	759	1032	135	5.4	9.0	——	——
海上现浇墩身	C40	0.35	126	168	126	735	1068	145	5.04	8.4	56.0	0.68
海上预制墩身	C40	0.31	180	90	180	779	1032	139	5.4	9.0	58.6	0.37
箱梁	C50	0.32	212	212	47	724	1041	150	1.0	/	68.8	0.34

8.5.1.2 总体设计思路

混凝土中性化、碱骨料反应、硫酸盐侵蚀、海洋生物及海流冲刷等并不是混凝土结构劣化的主要原因,该地区冬季月平均气温较高,基本不存在冻融破坏[8-5]。许多研究[8-7]也以某跨海大桥为工程背景,对该地区混凝土工程的耐久性保障技术以及耐久性劣化机理、寿命预测方法、监测预警系统等开展了研究,并得出了一系列的研究结论。影响某大桥工程混凝土结构耐久性的主导因素是Cl⁻的侵蚀这个一般性经验已经成为大家的共识。

　　综上所述,海洋氯化物环境类别空间对某跨海大桥的耐久性的影响占主导作用。按照8.4.1中给出的应用流程,可以略去针对环境作用效应较弱的其他环境类型空间中的结构耐久性设计。但是,本文为了完整展示三种环境类别空间(一般大气环境、海洋氯化物环境和冻融循环环境)的混凝土结构耐久性设计区划方法体系在实际工程中的应用流程和实施方法,同时对一般大气环境和冻融循环环境这两个非主导性环境空间环境因素作用下的某跨海大桥工程混凝土进行耐久性设计。

　　如图8-7所示,某跨海大桥包括北引桥、北航道桥、中引桥、南航道桥、南引桥水中区、南引桥滩涂区和南引桥陆地区七个分区。桥长、工程量大、结构形式多样、所处环境复杂多变使杭州湾跨海大桥的设计与施工难度非常大。作为一个设计实例,若对全桥所有的结构构件进行逐一统计和进行耐久性设计,工程量和篇幅都是不现实的。本章对某跨海大桥的耐久性设计仅选取典型分区与典型部位进行设计。

　　如图8-8所示,选取某跨海大桥的南航道桥和引桥典型部位进行设计(1985国家高程基准面,本章下同)。南航道桥上部结构采用平行钢丝斜拉索扁平钢箱梁(A型塔),最高处标高为+202 m,主梁标高为+31.043～+37.043 m,图8-8a中仅给出横断面的墩身截断图;引桥部分墩身的高度随位置不同存在较大的变化,图8-8b中未标出墩顶的具体高程和墩身的具体长度。根据图8-8,需要考虑耐久性设计的桥梁部位主要为桩基、承台、桥墩、箱梁。

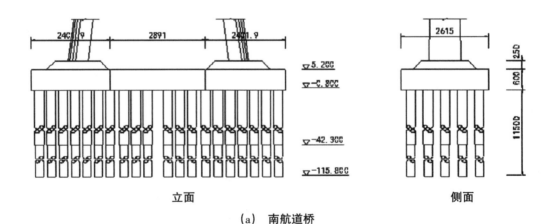

立面　　　　　　　　　　　　　　　　　侧面

(a)　南航道桥

图8-8　某跨海大桥横断面图

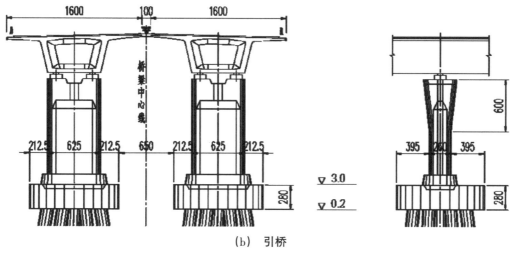

（b） 引桥

图8-8（续）　某跨海大桥横断面图

8.5.1.3　环境类别空间耐久设计——海洋氯化物环境

（1）环境区划等级。

某跨海大桥属于海洋氯化物环境中的海洋竖向环境,首先根据海域的潮汐资料计算海水浸润时间比k_{JR}随高程的变化关系如图8-9所示。

按照结构每个构件所处的高程范围,根据图8-9中高程h与海水浸润时间比k_{JR}的关系曲线判断构件覆盖的k_{JR}取值范围,按照7.3与8.2.1中图8-3或表8-7,确定构件的环境区划等级。南航道桥与引桥不同部位的环境区划等级见表8-30。确定构件的环境区划等级后,将具有相同设计使用年限、水胶比和环境区划等级的构件分为一类,进行构件类别的编号。

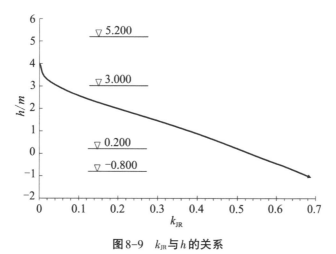

图8-9　k_{JR}与h的关系

表8-30　某跨海大桥海洋氯化物环境下构件环境区划等级

结构所处环境类别：　<u>海洋竖向环境</u>　（海洋竖向环境/近海大气环境）

构件名称		设计使用年限/年	水胶比	k_{JR}	覆盖分区	区划等级	编号
南航道桥	海上桩基	100	0.31	>0.652	Ⅱ-A	Ⅱ-A	①
	海上承台	100	0.33	0~0.652	Ⅱ-A~Ⅱ-E	Ⅱ-E	②
	湿接头	100	0.33	0	Ⅱ-A	Ⅱ-A	③
	墩身	100	0.35	0	Ⅱ-A	Ⅱ-A	④
引桥	海上桩基	100	0.31	>0.503	Ⅱ-D	Ⅱ-D	⑤
	海上承台	100	0.33	0.503~0.046	Ⅱ-A~Ⅱ-E	Ⅱ-E	②
	湿接头	100	0.33	0~0.046	Ⅱ-A	Ⅱ-A	③
	墩身	100	0.35	0	Ⅱ-A	Ⅱ-A	④
	箱梁	100	0.32	0	Ⅱ-A	Ⅱ-A	⑥

（2）分区设计。

对上节中依据设计资料和环境区划等级整理出的6个编号对应的数据列于表8-31，并按照8.2.2中的对应规定得到需要的设计参数，最终整理得到不同部位保障其耐久性所需的保护层厚度X_{Cl}。根据相关环境或材料资料进行查表时，表中没有列出的中间数据采用线性内插进行计算。本书对海洋竖向环境混凝土结构耐久性设计区划方法体系的研究中，其基准环境取为嘉兴乍浦港区。这与某跨海大桥的自然环境是相一致的。此处对于环境温度与海水氯离子含量不进行修正，即取温度修正系数$\zeta_T=1$和氯离子含量修正系数$\zeta_{Cl}=1$。

表8-31　某跨海大桥构件耐久性设计

T：<u>—</u>，　ζ_T：<u>1</u>，　C_{Cl}：<u>—</u>，　ζ_{Cl}：<u>1</u>

编号	环境区划等级	t_D/年	w/b	X_{50}/mm	ζ_t	ζ_i	$X_{Cl}=X_{50}\zeta_i\zeta_i\zeta_T\zeta_{Cl}$
①	Ⅱ-A	100	0.31	100	1.42	0.68	100
②	Ⅱ-E	100	0.33	145	1.42	0.72	153
③	Ⅱ-A	100	0.33	100	1.42	0.72	105
④	Ⅱ-A	100	0.35	100	1.42	0.76	111
⑤	Ⅱ-D	100	0.31	130	1.42	0.68	130
⑥	Ⅱ-A	100	0.32	100	1.42	0.70	103

8.5.1.4　环境类别空间耐久设计——一般大气环境

（1）环境区划等级。

按照某跨海大桥的地理位置，由图8-1可以看出，一般大气环境作用下大桥所处基准环境的环境区划等级为3级。由表8-25和表8-26，杭州湾地区的平均高潮位为2.52 m，平均低潮位为-2.12 m,平均潮位为0.2 m,设计水位为6.15(1%高潮位累积频率)。结合图8-7中南航道桥和引桥所处的高程范围并结合表8-21定性确定不同结构部位局部工作环境的环境条件,并据此对各部位的环境区划等级基于基准环境进行调整,得到各部位对应的环境区划等级(环境条件分类与调整方法见表8-2)。确定不同部位的环境区划等级后,整理相应的设计资料并一起列于表8-32,并对构件进行编号,将设计使用年限、抗压强度和调整后等级相同的构件作为同一类别并使用相同的编号。

表8-32 某跨海大桥一般大气环境下构件环境区划等级

基准环境区划等级: 3

构件名称		设计使用年限/年	抗压强度/MPa	环境条件	调整方法	区划等级	编号
南航道桥	海上桩基	100	53.8	长期湿润	—	3	①
	海上承台	100	58.4	干湿交替	+1	4	②
	湿接头	100	—	干湿交替	+1	4	—
	墩身	100	56.0	干湿交替	+1	4	③
引桥	海上桩基	100	53.8	长期湿润	—	3	①
	海上承台	100	58.4	干湿交替	+1	4	②
	湿接头	100	—	干湿交替	+1	4	—
	墩身	100	56.0	干湿交替	+1	4	③
	箱梁	100	68.8	非干湿交替的露天环境	—	3	④

(2)分区设计。

将表8-32中依据设计资料和环境区划等级整理出的4个编号对应的数据列于表8-33,并按照8.1.2中的对应规定得到需要的设计参数,最终整理得到不同部位保障其耐久性所需的保护层厚度X_C。根据相关环境或材料资料进行查表时,表中没有的数据采用线性内插进行计算。

表8-33 某跨海大桥一般大气环境下构件耐久性设计

编号	环境区划等级	设计使用年限/年	抗压强度/MPa	X_{50}/mm	ζ_t	ζ_i	$X_C = X_{50}\zeta_i\zeta_t$
①	3	100	53.8	22	1.4	0.392	12
②	4	100	58.4	24	1.4	0.322	11
③	4	100	56.0	24	1.4	0.356	12
④	3	100	68.8	22	1.4	0.184	6

8.5.1.5 环境类别空间耐久设计——冻融循环环境

（1）环境区划等级。

按照某跨海大桥的地理位置，由图8-4可以看出，冻融循环环境作用下大桥所处基准环境的环境区划等级为1。1区划等级对应的年等效室内冻融循环次数小于2次，属于偶冻区。某跨海大桥除上部结构外，海上桩基、承台、湿接头和墩身下部均由于频繁接触水而处于高度饱水状态。上部结构则处于海上大气区，空气中水汽含量高，相对湿度达82%。确定混凝土结构冻融循环环境区划等级的一个重要参数为饱含水时间比例系数k，本书7.2.2.2中对此作了详细讨论。在对某跨海大桥各部位进行考虑时，统一按照冻融循环环境最危险的环境条件进行考虑，即认为$k=1$。根据表8-15中考虑混凝土饱含水时间的等级调整方法，不需要进行环境区划等级的调整。环境区划等级确定后，整理环境资料与设计资料表8-34。构件的区划等级确定后，将具有相同设计使用年限和环境区划等级的构件归为一类，采用相同的编号。

（2）分区设计。

根据上节中的分析，仅需对一种编号类型中环境区划等级、设计使用年限t_D进行设计，见表8-35。由表8-16，查得区划等级为1级时的n_{eq}建议值为2次/年，整理数据得到构件所需的抗冻等级F见表8-35。

表8-34　某跨海大桥冻融循环环境下构件环境区划等级

基准环境区划等级：1

构件名称		设计使用年限/年	k	调整方法	区划等级	编号
南航道桥	海上桩基	100	1	不作调整	1	①
	海上承台	100	1	不作调整	1	①
	湿接头	100	1	不作调整	1	①
	墩身	100	1	不作调整	1	①
引桥	海上桩基	100	1	不作调整	1	①
	海上承台	100	1	不作调整	1	①
	湿接头	100	1	不作调整	1	①
	墩身	100	1	不作调整	1	①
	箱梁	100	1	不作调整	1	①

表8-35　某跨海大桥冻融循环环境下构件耐久性设计

编号	环境区划等级	t_D/年	n_{eq}/次	$F=n_{eq}t_D$
①	1	100	2	200

8.5.1.6 设计结论与分析讨论

8.5.1.3、8.5.1.4 与 8.5.1.5 分别针对海洋氯化物、一般大气和冻融三种环境类别空间,对某跨海大桥应用本书中建立的混凝土结构耐久性设计区划方法体系进行了耐久性设计。对不同环境类别空间中构件的耐久性设计要求进行整理汇总,结果见表 8-36。

表 8-36　某跨海大桥构件的耐久性设计指标取值

构件名称		一般大气环境		海洋氯化物环境		冻融循环环境	
		编号	X_c	编号	X_{Cl}	编号	F
南航道桥	海上桩基	①	12	①	100	①	200
	海上承台	②	11	②	153	①	200
	湿接头	—	—	③	105	①	200
	墩身	③	12	④	111	①	200
引桥	海上桩基	①	12	⑤	130	①	200
	海上承台	②	11	②	153	①	200
	湿接头	—	—	③	105	①	200
	墩身	③	12	④	111	①	200
	箱梁	④	6	⑥	103	①	200

从表 8-36 可以看出,相对于海洋氯化物环境,与一般大气环境对应的保护层厚度 X_c 数值较小,这一方面是由于浙江地区属于一般大气环境作用效应较弱的地区(图 8-1,3 级);另一方面是由于大桥中使用的是高配比的海工混凝土,在相同的环境条件下海工混凝土较普通混凝土需要的钢筋保护层厚度要小。

某跨海大桥耐久性设计中实际采用的各部位钢筋保护层厚度为[8-4]:桩基 75 mm,海上承台 90 mm,墩身 60 mm,箱梁 40 mm。设计时首先按照具体腐蚀环境将环境分为大气区、浪溅区、潮差区(水位变动区)和水下区四个环境侵蚀作用级别,然后根据杭州湾的腐蚀环境,总结各国标准对海工混凝土最小保护层厚度的规定,参考国外跨海工程实例,对结构部位按照其所处的环境分区规定对应的钢筋保护层厚度。

与表 8-36 中某跨海大桥各部位在海洋氯化物环境下对应的设计保护层厚度 X_{Cl} 相比,大桥实际采用的各部位钢筋保护层厚度要小很多。分析原因如下。

①某跨海大桥使用的是大比例掺入矿物掺合料(粉煤灰、矿粉)的混凝土。大比例矿物掺合料的掺入,会大幅度提高混凝土的抗氯离子渗透性能。本书建立的海洋氯化物环境下的混凝土结构分区设计规定中,没有专门针对矿物掺合料的修正规定,8.5.1.3 对某跨海大桥的耐久性设计中没有考虑矿物掺合料的影响。

②某跨海大桥采用大量耐久性辅助措施,以保障大桥的耐久性和使用寿命。钢筋阻

锈剂、预应力混凝土箱梁均采用塑料波纹管、真空辅助压浆技术、混凝土表面涂装、环氧钢筋、外加电流阴极保护、采用渗透性模板等方法和技术。这从一定程度上使某跨海大桥设计的保护层厚度可以适当减小。

表8-36中,冻融循环环境下混凝土抗冻等级的要求为F200。实际工程实践中应根据所需的抗冻等级对混凝土进行抗冻性的设计或验算。水胶比直接影响混凝土的抗冻性。日本电力中央研究所的实验结果表明,当混凝土水胶比在0.35时,混凝土能经受的冻融循环次数在3000次左右[8-8]。某跨海大桥工程混凝土整体采用低水胶比的海工混凝土,由表8-29,水胶比处于0.31~0.36,其抗冻等级远高于冻融循环环境的耐久性要求,不需另外进行结构的抗冻性设计。

8.5.2　工程实例二——某水电站大坝

8.5.2.1　工程概况[8-9,8-10]

某水电站大坝位于中朝界河鸭绿江干流中游,中国侧为吉林省集安市青石镇,是鸭绿江已开发的4座水电站最上游的一级,如图8-10所示。大坝中部地理坐标为N41°22.8′、E126°31.0′,大坝轴线方位角为NE45°。大坝主体工程于1959年9月开始开挖基础,1965年3月开始蓄水,1971年建成。

图8-10　某水电站大坝

大坝为Ⅰ级建筑物,按洪水重现期1000年设计(设计洪水位319.26 m),洪水重现期10000年校核(其水位为320.50 m),地震设计烈度为8度。正常高水位318.75 m,死水位281.75 m,水库总库容38.95×10⁷ m³。大坝为宽缝重力坝,宽缝比一般为0.4。大坝全长828 m,由55个坝段组成,最大坝高113.75 m(49坝段),坝顶高程321.75 m,坝段宽度一般为15.0 m。

某大坝溢流面混凝土冻融破坏比较突出,原溢流面1~4 m厚范围内混凝土设计标号为200号,抗冻标号为D150。水泥为朝鲜软练200~220号,相当我国水泥400~500号;骨料为三级配。某坝区多年平均气温为6.1 ℃,瞬时最低气温为-32.6 ℃,瞬时最高气温

36.9 ℃,属寒冷地区,温差变化很大。大坝溢流面破坏突出。对大坝运行后的混凝土层状剥蚀、脱落进行检查,并现场钻孔取样分析,得出大坝的破坏为冻融所造成的结论。

8.5.2.2　总体设计思路

某水电站大坝离海岸距离远,不必考虑海水氯化物环境类别空间的耐久性设计,需要考虑一般大气环境和冻融循环环境两种环境类别空间。某大坝处于东北地区,由其气象资料可知此地区属于寒冷地区,混凝土碳化作用较弱。这种情况也进一步反映在图8-1中,东北地区的一般大气环境区划等级基本属于1~2级,碳化作用较慢和弱。

综上,对于某水电站大坝的耐久性设计仅考虑冻融循环这个环境类别空间。按照8.3.3的设计流程与8.4中的总体应用方法对某水电站大坝进行抗冻耐久性设计。

8.5.2.3　冻融循环环境下的抗冻耐久性设计

按照某水电站的地理位置,由图8-4可以看出,冻融循环环境作用下大坝所处基准环境的区划等级为4级。由表8-14可知,区划等级4级对应的年等效室内冻融循环次数为10~14次,属于冻融区。由于大坝属于大体积水工混凝土结构,坝体直接接触水处于高度饱水状态,对大坝进行抗冻性耐久性设计时不具体区分大坝不同部位接触水的时间长短,统一将饱含水比例系数K考虑为1。根据表8-15,大坝的冻融循环环境区划等级统一定为4级,不再进行局部的调整。

根据确定的区划等级,由表8-16查得区划等级为4级时的等效室内冻融循环次数n_{eq}建议值为14次/年。

文献[8-12]对某水电站的冻融问题进行报道的时间约为某大坝建成30年。按此计算,大坝经历的等效室内冻融循环次数或者称抗冻等级F约为:30×14=420。某水电站大坝的设计标号仅为150,远远低于混凝土的抗冻耐久性需求,导致在较短的服役期大坝即普遍出现大面积的混凝土剥蚀和脱落现象。

参考文献

[8-1] 姚昌建.沿海码头混凝土设施受氯离子侵蚀的规律研究.杭州:浙江大学,2007.

[8-2] 国家重大工程项目报告"杭州湾跨海大桥混凝土结构耐久性长期性能研究"//浙江大学研究报告.杭州,2008.

[8-3] 干伟忠,Raupach M,金伟良,等.杭州湾跨海大桥混凝土结构耐久性原位监测预警系统.中国公路学报,2010,23(2):30-35.

[8-4] 吕忠达.杭州湾跨海大桥关键技术研究与实施.土木工程学报,2006,39(6):78-82.

[8-5] 张宝胜.杭州湾跨海大桥混凝土结构耐久性方案研究//金伟良,赵羽习.混凝土结构耐久性的设计与评估方法:第四届混凝土结构耐久性科技论坛论文集.北京:机械工业出版社,2006:132-142.

［8-6］张宝胜,干伟忠,陈涛.杭州湾跨海大桥混凝土结构耐久性解决方案.土木工程学报,2006,39(6):72-77.

［8-7］杭州湾大桥工程指挥部.杭州湾跨海大桥土建工程施工招标文件.2004.

［8-8］中航第二航务工程局.杭州湾跨海大桥土建施工第Ⅲ-A合同段施工组织设计.2003.

［8-9］金立兵.多重环境时间相似理论及其在沿海混凝土结构耐久性中的应用.杭州:浙江大学,2008.

［8-10］卢振永.氯盐腐蚀环境的人工气候模拟实验方法.杭州:浙江大学,2007.

［8-11］金伟良,赵羽习.混凝土结构耐久性.北京:科学出版社,2002:76-77.

［8-12］宋恩来.东北地区大坝溢流面混凝土冻融与冻胀破坏.东北电力技术,2000(3):22-26.

［8-10］于建军,姜殿威,薛捍军.云峰水电站大坝变形监测设计及检测成果.大坝与安全,2009(4):55-57.

9 基于地理信息查询系统的耐久性环境区划方法
——以浙江省为例

地理信息系统是一门介于信息科学、空间科学与地球科学之间的交叉学科和新兴技术，它将地理空间数据处理与计算机技术相结合，通过系统建立、操作及模型分析，产生对资源环境、区域规划、管理决策等方面有用的信息，地理信息系统已成为多种行业的信息技术。本章将区域矢量地图数据导入地理信息系统软件，利用地理信息系统对空间数据和属性数据的强大存储和分析功能，导入各地区的基础环境数据和相关预测数据，经过分析得到相关指标数据分布图；基于软件用程序语言开发混凝土结构耐久性设计区划地理信息查询系统，将区域自然因素、耐久性劣化程度和耐久性设计规定"三位一体"，直观展示与混凝土结构耐久性及耐久性设计相关的地域化特征，增强区划的实用性。

9.1 地理信息查询系统编制

作为沿海省份，浙江省混凝土结构的耐久性问题与使用环境有着密切的关系。作者课题组与浙江省气候中心展开协作，获取了浙江省各个特征城市的环境基础数据(详见第4章)。本章以浙江省为研究对象，以分布密集的各个特征城市作为特征点，依托其相对细化和完备的基础数据，针对一般大气环境、海洋氯化物环境和冻融循环环境完成浙江省混凝土结构耐久性设计区划标准的具体实施步骤，并开发相应的地理信息查询系统应用程序。

图9-1为浙江省混凝土结构耐久性设计区划地理信息查询系统主界面。程序主界面包括地图浏览功能、区划图与基础数据图像和信息查询功能，通过主窗口可以实现查询图

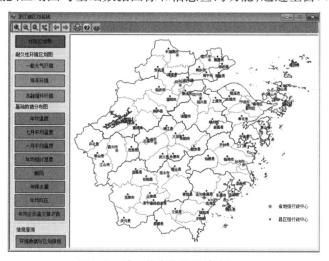

图9-1 地理信息查询系统主界面

片的放大、缩小、拖动等浏览功能,实现操作步骤的前进与后退。通过点击相应的按钮图标,可以查询一般大气环境、海洋氯化物环境和冻融循环环境的混凝土结构耐久性设计区划图,查询年均温度、七月平均温度、一月平均温度、年均相对湿度、酸雨、年降水量、年均风雨、年均正负温交替次数等图像信息。点击"环境数据与区划信息"按钮,可以查询特征城市的环境基础数据、不同环境类别的环境区划信息及对应的分区耐久性设计信息。

9.2　信息查询系统的功能与特点

9.2.1　数据查询

在浙江省混凝土结构耐久性设计区划信息查询系统中,基础数据查询对应按钮为"[信息查询 / 环境数据与区划信息]",数据查询窗口见图9-2。

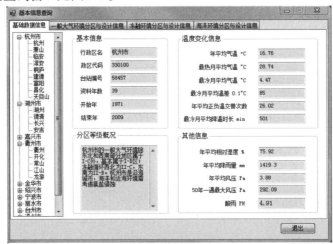

(a)　基础数据信息

(b)　一般大气环境分区与设计信息

图9-2　数据查询界面

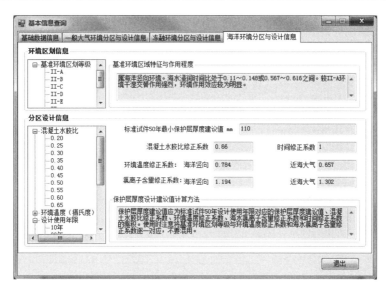

（c） 海洋环境分区域设计信息

图9-2(续)　数据查询界面

通过基础信息查询面板,实现对各个县市基本信息、数据资料情况、气象资料、分区等级概况等信息的检索;通过一般大气环境分区信息面板、冻融循环环境分区信息面板和海洋环境分区信息面板,实现浙江省不同环境类别作用下的环境区划等级和分区设计信息的查询。

9.2.2　区划图的查询

在浙江省混凝土结构耐久性设计区划信息查询系统中,区划图查询窗口见图9-3。

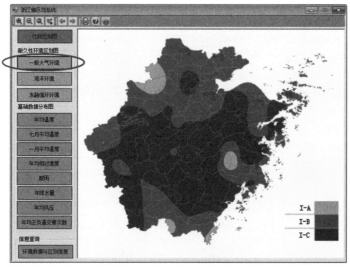

（a）　一般大气环境区划图

图9-3　区划图查询

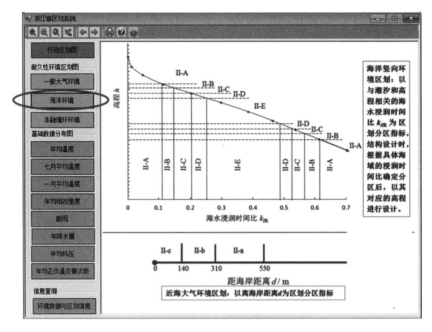

（b）　海洋环境区划图

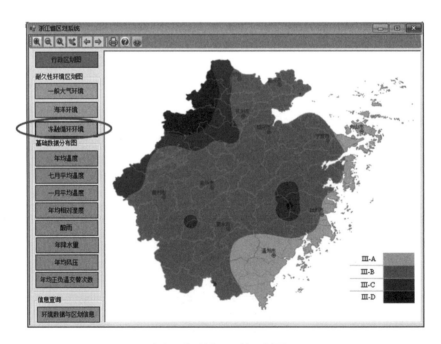

（c）　冻融循环环境区划图

图9-3(续)　区划图查询

分别点击"耐久性环境区划图"区块的"一般大气环境"按钮、"冻融循环环境"按钮和"海洋环境"按钮,可以查询到对应的区划信息,并可结合地图浏览功能进行放大、缩小。

9.2.3 环境因素分布图的查询

在浙江省混凝土结构耐久性设计区划信息查询系统中,基础数据分布图查询窗口见图9-4。

分别点击"基础数据分布图"区块相关环境因素的对应按钮,可以查询到对应数据等值分布图,并可结合地图浏览功能进行放大、缩小。图9-4中对应的为七月平均温度的等值分布图。

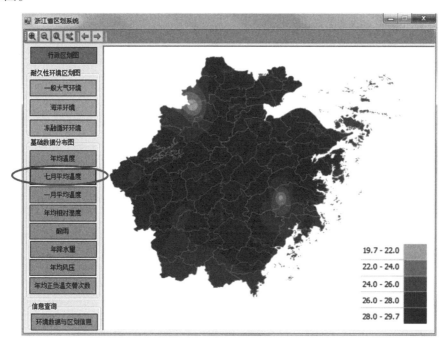

图9-4 环境数据分布图查询

9.3 信息查询系统的应用步骤

以浙江省建德市某桥梁为例简述信息查询系统的应用步骤。

(1)某桥梁的概况[9-2]。

某桥梁位于浙江省建德市白小线K2+362处,原为省道,现为县道,1965年建成,如图9-5。由于建设时期对混凝土结构耐久性问题认识不足,桥梁存在着严重的耐久性问题。目前T梁底有钢筋锈胀引起的纵向裂缝,近支座处可见不规则裂缝,支座搁置处梁底局部破损。氯离子含量检测结果表明,由于该桥位于内陆地区,附近没有氯离子源,所以氯离子含量均低于0.004%,对混凝土结构的耐久性基本没有影响。

图9-5　某桥整体图

（2）地理信息查询系统的应用。

按照9.2对信息查询系统功能与特点的介绍，本节不再一一给出图示，仅给出查询结果。

第一，点击查询系统"数据查询"可得，某桥的基础环境数据：年平均气温16.84 ℃、最热月平均气温28.26 ℃、最冷月平均气温5 ℃、年平均正负温交替次数26次、年平均相对湿度78.5%、年平均降雨量1570 mm、年平均风压1.34 Pa。

第二，区划图查询。点击"基础数据分布图"可查得某桥所处基础数据分区；点击"耐久性环境区划图"可查得某桥所处的环境区划等级。因检测结果显示某桥氯离子含量很低，仅给出一般大气环境和冻融循环环境区划图查询结果。经查询，某桥位于一般大气环境区划图Ⅰ-C区，标准试件50年最小保护层厚度的建议值为23 mm；某桥位于冻融循环环境Ⅲ-B区，等效室内冻融循环次数的建议值为2次/年。

参考文献

[9-1] 千怀遂,孙九林,钱乐祥. 地球信息科学的前沿与发展趋势. 地理与地理信息科学,2004, 20(2):1-7.

[9-2] 浙江省建德某桥混凝土结构耐久性检测报告. 浙江大学研究报告. 杭州:2004.

附录A 基于环境区划的混凝土结构耐久性设计方法

附录A参考浙江省工程建设标准《混凝土结构耐久性技术规程》(DB 33/T 1128—2016)。

A.1 总 则

A.1.1 不同地区的自然环境存在区域差异,混凝土结构耐久性设计区划考虑环境的区域差异和结构构件所处具体环境的差异,最终形成混凝土结构耐久性设计区划标准。

A.1.2 本附录中对应的环境作用效应区划图与环境作用等级区划一一对应,仅在表述中针对不同的环境条件做了调整。

A.2 一般大气环境区划与分区设计规定

A.2.1 一般大气环境下混凝土结构的耐久性设计,应控制在正常大气作用下混凝土碳化引起的内部钢筋锈蚀,即耐久性极限状态I。

A.2.2 当混凝土结构构件同时承受其他环境作用时,应按照环境作用等级较高的有关要求进行耐久性设计。

A.2.3 浙江省一般大气环境下非干湿交替的露天环境作用效应区划图如图A.2.3所示,各分区的区域特征列于表A.2.3-1。表中k_E为环境作用系数,t为标准试件在各地实际环境下的寿命预测值、X_{50}为标准试件在各地区环境条件下暴露50年后的碳化深度预测值。相同地区其他环境条件下的环境作用等级按照表A.2.3-2进行调整。

A.2.4 针对不同区划等级,50年基准年限的标准试件,即混凝土28 d立方体抗压强度$f_{cu}=30$ MPa时保护层厚度X_{50}的设计规定见表A.2.4。对于5+级的干湿交替环境,标准试件的构造规定在相应的5级基础上,增加5 mm。

A.2.5 混凝土28 d立方体抗压强度f_{cui}分别为20 MPa、25 MPa、35 MPa、40 MPa、45 MPa、50 MPa、55 MPa、60 MPa、65 MPa、70 MPa时,其相对于标准试件的材料修正系数ζ_i的建议值见表A.2.5。

表A.2.3-1 浙江省一般大气环境下基准环境各级耐久性区域的环境特征与作用程度

区划等级	k_E	X_{50}/mm	t/a	环境特征与作用程度
I-1	0.025~0.032	14~18	141~234	年平均温度在10~17℃,年平均相对湿度在79%~84%;分布范围很小,位于西北与东南局部地区。由于温度较低,相对湿度较高,碳化速度慢
I-2	0.032~0.035	18~20	103~141	年平均气温在16~17℃,年平均相对湿度均在80%左右。主要分布于西北与东南和南部大部分地区。碳化速度仍较慢
I-3	0.035~0.04	20~23	89~103	年平均气温在17~19℃,年平均相对湿度在74%~79%。主要分布于中部地区。温度较高,相对湿度较低,碳化速度最快

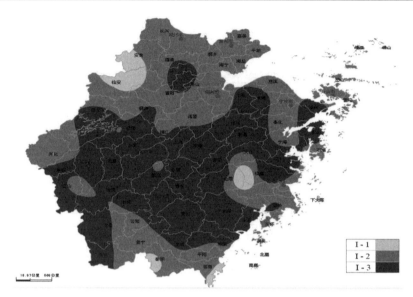

图 A.2.3　浙江省一般大气环境下非干湿交替的露天环境的环境作用效应区划图

表 A.2.3-2　浙江省一般大气环境下的局部环境的环境作用等级的调整

环境条件	结构构件示例	调整方法
室内干燥环境	常年干燥、低湿度环境中的室内构件所有表面均永久处于静水下的构件	-1
永久的静水浸没环境		
非干湿交替的室内潮湿环境	中、高湿度环境中的室内构件	酌情
非干湿交替的露天环境	不接触或偶尔接触雨水的室外构件 长期与水或湿润土体接触的构件	—
长期湿润环境		
干湿交替环境	与冷凝水、露水或与蒸汽频繁接触的室内构件地下室顶板构件 表面频繁淋雨或频繁与水接触的室外构件处于水位变动区的构件	+1

注："-1""+1"分别表示在区划结果上将作用等级降低一级或增加一级。调整后的环境作用等级低于 I-A 级时，按 I-A 级考虑; I-C 级区的干湿交替环境调整后增加一级时记为 I-C+级。

表 A.2.4　浙江省一般大气环境下标准试件的 X_{50} 耐久性设计建议值

内容	区划等级		
	I-1	I-2	I-3
X_{50}/mm	18	20	23

表 A.2.5　浙江省一般大气环境下强度修正系数建议值

内容	f_{cui}/MPa										
	20	25	30	35	40	45	50	55	60	65	70
ζ_i	1.54	1.23	1.00	0.82	0.68	0.56	0.46	0.37	0.30	0.23	0.17

A.2.6 不同年限相对于基准时间50年的时间修正系数 ζ_t 的建议值见表A.2.6。

A.2.7 工程设计使用年限为 t、抗压强度为 f_{cu} 的设计构造参数即保护层厚度 X，取为 $X = X_{50}\zeta_i\,\zeta_t$。

表A.2.6 浙江省一般大气环境下时间修正系数建议值

内容	t/a									
	10	20	30	40	50	60	70	80	90	100
ζ_t	0.44	0.63	0.77	0.89	0.99	1.08	1.17	1.25	1.33	1.40

A.3 海洋氯离子环境区划与分区设计规定

A.3.1 海洋氯离子环境中配筋混凝土结构的耐久性设计,应控制在氯离子引起的钢筋锈蚀,即耐久性极限状态I。

A.3.2 当混凝土结构构件同时承受其他环境作用时,应按照环境作用等级较高的有关要求进行耐久性设计。

A.3.3 一般无冻融海洋氯化物环境对配筋混凝土的环境作用效应区划等级,对海洋竖向环境以海水浸润时间比 k_{JR} 为分区指标,对于近海大气环境以离海岸距离 d 为分区指标,如图A.3.3所示,各分区的区域特征分别见表A.3.3-1和表A.3.3-2。表中 X_{50} 是指标准试件在已定地区环境条件下暴露50年后的氯离子侵蚀深度预测值。

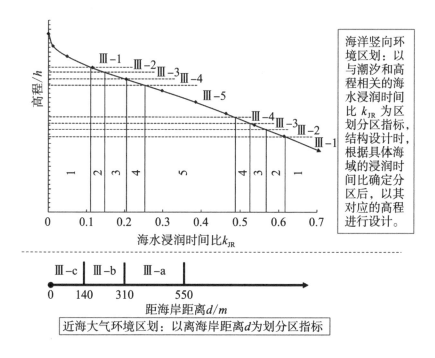

图A.3.3 浙江省一般无冻融海洋氯化物环境的环境作用效应区划图

表A.3.3-1　浙江省海洋竖向环境耐久性区划等级与作用特征

区划等级	k_{JR}	X_{50}/mm
Ⅲ-1	高于0.61或低于0.10	低于98
Ⅲ-2	0.10～0.148或0.567～0.616	98～109
Ⅲ-3	0.148～0.204或0.525～0.567	109～120
Ⅲ-4	0.204～0.253或0.488～0.525	120～131
Ⅲ-5	0.253～0.488	131～142

表A.3.3-2　浙江省近海大气环境耐久性区划等级与作用特征

区划等级	d/m	X_{50}/mm
Ⅲ-a	310～550	12.9～24.8
Ⅲ-b	140～310	24.8～36.6
Ⅲ-c	0～140	36.6～48.5

A.3.4　针对不同区划等级,50年基准年限的标准试件,即混凝土水胶比w/b＝0.45时保护层厚度X_{50}的设计规定见表A.3.4。

表A.3.4　浙江省海洋氯离子环境标准试件的X_{50}耐久性设计建议值

内容	海洋竖向基准环境					近海大气基准环境		
	Ⅲ-1	Ⅲ-2	Ⅲ-3	Ⅲ-4	Ⅲ-5	Ⅲ-a	Ⅲ-b	Ⅲ-c
建议值/ mm	100	100	120	130	145	25	40	50

A.3.5　混凝土水胶比$w/b_{(i)}$分别为0.2、0.25、0.3、0.35、0.4、0.45、0.5、0.55、0.6、0.65时,相应水胶比$w/b_{(i)}$对应的材料修正系数ζ_i的建议值见表A.3.5。

表A.3.5　浙江省海洋氯离子环境水胶比修正系数建议值

内容	$w/b_{(i)}$									
	0.20	0.25	0.30	0.35	0.40	0.45	0.50	0.55	0.60	0.65
ζ_i	0.51	0.58	0.66	0.76	0.88	1	0.89	0.80	0.73	0.69

A.3.6　混凝土暴露时间t_i分别为10、30、50、75、100年时,不同年限相对于基准时间50年的时间修正系数建议值ζ_t的见表A.3.6。

表A.3.6　浙江省海洋氯离子环境时间修正系数建议值

内容	t/ a				
	10	30	50	75	100
ζ_t	0.53	0.78	1	1.23	1.42

A.3.7　记 ζ_T 为温度修正系数，ζ_{Cl} 为海水氯离子含量修正系数，针对乍浦港区基准环境（T＝15.9℃，C_{Cl}＝0.59%）和万宁东海岸基准环境（T＝24.2℃，C_{Cl}＝1.9%），海洋竖向环境和近海大气环境的环境修正系数建议值如表A.3.7-1和表A.3.7-2。

表A.3.7-1　浙江省海洋氯离子环境温度修正系数建议值

内容		T/℃								
		0	5	10	15	20	25	30	35	40
ζ_T	海洋竖向	0.696	0.784	0.876	0.984	1.096	1.207	1.337	1.469	1.62
	近海大气	0.586	0.657	0.735	0.824	0.924	1.030	1.126	1.246	1.367

表A.3.7-2　浙江省海洋氯离子环境氯离子含量修正系数建议值

内容		C_{Cl}/%					
		0	0.5	1.0	1.5	2.0	2.5
ζ_{Cl}	海洋竖向	1.194	1.031	0.963	0.925	0.897	0.865
	近海大气	1.302	1.134	1.063	1.028	0.980	0.950

A.3.8　工程设计使用年限为 t、混凝土水胶比为 $w/b_{(i)}$、所处环境的温度为T与海水氯离子含量为 C_{Cl} 的设计构造参数，即保护层厚度 X，取为 $X = X_{50}\zeta_i\zeta_t\zeta_T\zeta_{Cl}$。

附录B 主要城市的环境数据

根据国家气象信息中心提供的中国地面气候资料日值数据集,选取1966—2015年的代表性基准、基本气象站的日值数据,经统计分析获得该50年周期内的年均气温(℃)、年均湿度(%)、负温天数(d)、降温速率以及一月温度(℃)(表B-1)。

表B-1 全国部分城市气象数据统计汇编(1966—2015年)

区站号	城市	年均气温/℃	年均湿度/%	负温天数/d	降温速率	一月温度/℃
50353	呼玛	−0.73	65.97	209.02	11.66	−25.80
50434	图里河	−4.28	70.98	252.32	13.94	−29.01
50527	海拉尔	−0.83	d66.56	210.92	8.67	−25.61
50557	嫩江	0.65	65.94	203.04	10.71	−24.01
50564	孙吴	−0.16	69.64	214.38	14.14	−24.14
50632	博克图	−0.30	63.98	220.88	7.41	−20.70
50658	克山	2.05	65.04	189.22	8.67	−21.95
50727	阿尔山	−2.48	68.99	237.62	11.03	−25.17
50745	齐齐哈尔	4.09	60.37	180.50	9.45	−18.71
50756	海伦	2.24	67.39	186.24	6.28	−21.68
50788	富锦	3.19	68.17	179.02	7.86	−19.48
50854	安达	3.98	62.51	180.90	7.93	−19.21
50915	东乌珠穆沁旗	1.72	57.21	205.76	11.99	−20.76
50949	前郭尔罗斯	5.52	61.74	169.44	9.28	−16.50
50953	哈尔滨	4.56	64.99	175.30	9.21	−18.21
50963	通河	2.79	73.09	189.66	8.95	−20.83
50968	尚志	3.21	72.34	190.36	11.37	−19.58
50978	鸡西	4.34	64.23	177.62	8.28	−16.40
51076	阿勒泰	4.59	58.41	169.96	9.84	−15.99
51087	富蕴	3.28	59.01	180.24	11.63	−20.31
51156	和布克赛尔	3.93	53.16	185.34	8.77	−12.79

续表

区站号	城市	年均气温/℃	年均湿度/%	负温天数/d	降温速率	一月温度/℃
51243	克拉玛依	8.70	48.45	138.38	6.34	−15.85
51334	精河	8.07	60.86	146.86	7.96	−15.42
51379	奇台	5.33	60.56	168.90	12.16	−17.33
51431	伊宁	9.32	64.45	138.38	10.47	−8.53
51463	乌鲁木齐	7.32	57.12	148.70	7.34	−12.88
51573	吐鲁番	14.78	39.89	112.32	7.80	−7.60
51644	库车	11.27	47.47	124.46	9.04	−7.70
51709	喀什	12.22	50.07	119.16	8.59	−5.44
51716	巴楚	12.14	47.58	126.26	10.61	−6.47
51747	塔中	11.92	34.00	149.05	14.80	−9.90
51765	铁干里克	11.18	44.89	149.64	13.18	−8.97
51777	若羌	11.86	40.45	139.84	6.85	−7.71
51811	莎车	11.95	53.05	124.24	9.52	−5.69
51828	和田	12.95	41.33	106.80	8.09	−4.36
52203	哈密	10.14	43.50	150.08	10.70	−10.58
52418	敦煌	9.81	42.55	157.80	11.48	−8.34
52436	玉门镇	7.32	42.36	168.54	10.54	−9.91
52495	巴彦毛道	7.48	37.95	169.38	11.81	−11.11
52533	酒泉	7.66	47.18	161.62	11.04	−9.17
52602	冷湖	3.08	29.29	225.68	14.56	−12.30
52681	民勤	8.60	44.48	161.42	11.95	−8.54
52713	大柴旦	2.23	34.70	226.00	14.19	−12.91
52754	刚察	−0.05	53.77	235.60	12.21	−13.19
52787	乌鞘岭	0.22	58.31	220.86	9.37	−11.52
52818	格尔木	5.54	32.05	184.54	11.74	−8.81
52836	都兰	3.32	39.74	201.62	10.54	−9.67
52866	西宁	6.03	56.07	167.26	13.12	−7.64
52884	皋兰	7.35	56.30	163.18	13.42	−8.75

区站号	城市	年均气温/℃	年均湿度/%	负温天数/d	降温速率	一月温度/℃
52955	贵南	2.51	52.49	213.86	14.85	−10.78
53068	二连浩特	4.40	47.36	188.22	10.84	−17.86
53192	阿巴嘎旗	1.73	56.32	202.66	10.33	−20.98
53276	朱日和	5.32	45.96	179.44	9.69	−14.18
53336	乌拉特中旗	5.55	47.52	180.96	10.30	−13.63
53352	达尔罕联合旗	4.47	48.20	189.22	11.74	−14.54
53391	化德	3.03	55.46	192.78	8.97	−15.28
53463	呼和浩特	6.98	52.08	167.38	9.54	−11.47
53487	大同	7.12	51.99	168.06	11.00	−10.62
53502	吉兰泰	9.25	39.24	156.82	10.15	−9.76
53529	鄂托克旗	7.25	46.85	166.16	11.66	−10.09
53614	银川	9.35	55.17	146.32	8.66	−7.64
53646	榆林	8.63	54.55	151.92	6.49	−8.91
53673	原平	9.33	53.64	147.20	10.89	−7.30
53698	石家庄	13.68	60.40	99.96	8.15	−2.06
53723	盐池	8.38	50.18	155.80	11.81	−8.12
53772	太原	10.24	58.45	139.24	10.88	−5.31
53845	延安	10.11	59.63	132.08	10.98	−5.30
53863	介休	10.91	59.51	132.02	10.40	−4.21
53898	安阳	14.06	65.18	93.02	8.16	−1.13
53915	平凉	9.16	63.75	134.32	9.59	−4.44
53959	运城	14.16	60.91	94.28	9.01	−1.02
54012	西乌珠穆沁旗	1.82	59.04	206.60	9.48	−18.93
54026	扎鲁特旗	6.83	48.26	167.20	8.74	−12.56
54027	巴林左旗	5.71	50.30	185.26	10.86	−13.37
54094	牡丹江	4.46	65.58	179.56	10.00	−17.27
54096	绥芬河	3.01	67.20	191.76	8.46	−16.42
54102	锡林浩特	2.79	56.31	197.92	10.22	−18.94

续表

区站号	城市	年均气温/℃	年均湿度/%	负温天数/d	降温速率	一月温度/℃
54115	林西	4.95	49.90	182.56	9.75	-13.72
54135	通辽	6.88	54.56	165.78	9.73	-13.43
54157	四平	6.85	63.89	161.76	9.03	-13.66
54161	长春	5.86	62.64	165.90	8.25	-15.19
54208	多伦	2.57	60.12	202.58	10.53	-16.96
54218	赤峰	7.58	48.38	163.74	10.78	-10.72
54236	彰武	7.70	60.14	159.80	10.01	-11.88
54292	延吉	5.56	64.49	178.10	10.11	-13.41
54324	朝阳	9.21	51.64	153.86	11.64	-9.59
54337	锦州	9.73	57.56	138.46	8.47	-7.87
54342	沈阳	8.39	63.61	150.04	11.59	-11.46
54346	本溪	8.05	64.16	148.34	9.82	-11.42
54374	临江	5.39	69.44	171.94	10.72	-15.61
54405	怀来	9.73	50.56	143.66	8.97	-7.35
54423	承德	8.97	55.67	151.90	12.31	-9.21
54471	营口	9.64	65.87	134.46	8.09	-8.51
54497	丹东	9.05	69.42	133.12	7.58	-7.45
54511	北京	12.51	55.91	117.34	8.42	-3.59
54527	天津	12.77	61.03	109.52	7.90	-3.53
54539	乐亭	10.90	65.61	127.58	9.04	-5.43
54618	泊头	13.00	61.65	112.56	9.01	-3.46
54662	大连	11.03	64.70	100.86	5.37	-3.94
54725	惠民县	12.80	65.45	111.64	8.68	-3.15
54776	成山头	11.51	74.32	69.00	3.72	-0.52
54823	济南	14.71	56.76	78.00	6.66	-0.53
54843	潍坊	12.72	66.25	109.80	8.63	-2.78
54909	定陶	13.95	70.46	90.00	8.03	-0.90
54916	兖州	13.75	69.03	98.04	7.00	-1.27

区站号	城市	年均气温/℃	年均湿度/%	负温天数/d	降温速率	一月温度/℃
55591	拉萨	8.28	42.02	151.88	13.45	-1.14
56004	托托河	-3.74	52.64	292.30	14.68	-15.98
56021	曲麻莱	-1.81	53.98	272.56	14.00	-13.48
56029	玉树	3.51	53.75	208.52	14.17	-7.15
56033	玛多	-3.45	57.03	284.16	27.51	-16.01
56046	达日	-0.61	60.89	251.26	14.31	-12.18
56080	合作	2.67	64.06	208.10	15.56	-9.57
56096	武都	14.92	57.19	37.00	7.00	3.39
56146	甘孜	5.90	56.33	175.10	14.13	-4.00
56172	马尔康	8.75	60.74	139.08	13.42	-0.44
56182	松潘	6.11	63.42	163.58	14.47	-3.72
56187	温江	16.00	82.41	12.54	5.59	5.27
56444	德钦	5.65	70.36	159.46	9.06	-2.18
56462	九龙	9.08	61.57	136.02	15.25	1.33
56492	宜宾	18.06	80.12	0.24	3.83	7.79
56571	西昌	17.13	60.93	2.72	10.61	9.76
56651	丽江	12.95	62.35	41.78	11.43	6.30
56671	会理	15.28	68.92	29.52	12.98	7.29
56739	腾冲	15.29	77.14	12.84	12.19	8.31
56768	楚雄	16.21	68.91	14.82	12.18	9.04
56778	昆明	15.27	71.21	8.50	10.77	8.54
56951	临沧	17.72	70.95	0.22	12.58	11.40
56954	澜沧	19.60	77.29	0.18	14.21	13.34
56964	思茅	18.64	78.23	0.28	11.16	12.87
56985	蒙自	18.94	70.48	0.98	8.89	12.54
57014	天水北道区	11.26	68.41	110.42	8.90	-1.95
57067	卢氏	12.67	70.08	102.84	9.86	-0.97
57083	郑州	14.73	64.22	80.78	8.16	0.31

区站号	城市	年均气温/℃	年均湿度/%	负温天数/d	降温速率	一月温度/℃
57127	汉中	14.64	78.88	41.64	6.31	2.67
57131	泾河	14.74	63.43	71.00	6.91	0.07
57237	万源	14.88	71.92	30.26	6.61	3.92
57265	老河口	15.72	74.94	50.82	7.48	2.57
57290	驻马店	15.13	71.45	64.24	7.51	1.42
57297	信阳	15.50	73.91	50.32	6.81	2.26
57411	南充	17.55	79.27	1.96	5.91	6.47
57447	恩施	16.35	80.64	11.56	4.90	5.08
57461	宜昌	17.03	75.05	13.92	3.87	4.92
57494	武汉	16.86	76.67	31.80	6.51	3.69
57516	沙坪坝	18.47	78.86	0.32	3.61	7.80
57633	酉阳	14.96	79.30	21.20	5.00	3.94
57662	常德	17.14	77.85	14.26	5.37	4.86
57679	长沙	17.46	80.87	16.18	5.47	4.90
57687	长沙	17.40	79.02	13.72	4.99	4.90
57707	毕节	12.97	81.47	28.02	5.03	2.75
57745	芷江	16.70	79.00	15.54	5.36	4.98
57799	吉安	18.63	78.58	8.86	5.36	6.49
57816	贵阳	15.09	77.47	18.06	5.13	4.63
57866	零陵	17.98	77.15	7.52	4.51	6.04
57902	兴仁	15.41	79.80	9.64	6.09	6.25
57957	桂林	19.09	74.85	2.16	5.02	8.02
57993	赣州	19.58	74.84	4.54	5.88	8.10
58027	徐州	14.75	68.26	74.00	7.18	0.48
58040	赣榆	13.73	72.51	81.58	7.07	−0.28
58102	亳州	14.99	69.67	70.12	7.60	0.80
58221	蚌埠	15.59	71.65	55.30	6.94	1.82
58238	南京	15.79	74.93	48.56	6.73	2.54

区站号	城市	年均气温/℃	年均湿度/%	负温天数/d	降温速率	一月温度/℃
58251	东台	14.88	78.30	56.06	6.40	1.89
58314	霍山	15.45	80.07	54.36	7.60	2.38
58321	合肥	16.12	75.16	41.34	6.22	2.73
58362	宝山	16.41	76.30	25.68	5.17	4.24
58424	安庆	16.97	75.34	22.40	5.25	4.03
58457	杭州	16.82	75.84	23.46	5.53	4.40
58477	定海	16.69	78.30	12.40	5.28	5.78
58527	景德镇	17.67	76.61	22.68	6.78	5.40
58606	南昌	17.93	75.94	12.00	5.03	5.39
58633	衢州	17.52	77.74	20.14	6.02	5.39
58715	南城	18.00	80.26	14.40	5.81	5.90
58752	瑞安	18.28	79.07	4.18	5.60	8.22
58834	南平	19.70	76.75	4.22	6.77	9.67
58847	福州	20.09	75.17	0.14	5.85	10.94
58921	永安	19.61	78.44	6.06	7.51	9.68
59023	河池	20.62	76.05	0.00	5.09	10.81
59082	韶关	20.44	76.31	1.64	6.65	10.12
59134	厦门	20.79	77.11	0.00	5.89	12.69
59211	百色	22.10	75.96	0.00	6.63	13.27
59254	桂平	21.74	79.08	0.00	5.15	12.57
59265	梧州	21.19	78.51	0.38	6.95	11.91
59287	广州	22.17	76.70	0.00	6.82	13.54
59293	东源	21.59	74.91	0.10	7.48	12.58
59316	汕头	21.85	79.25	0.00	6.03	13.93
59417	龙州	22.33	79.68	0.04	6.08	13.92
59431	南宁	21.74	79.25	0.20	5.99	12.66
59501	汕尾	22.38	78.11	0.00	6.02	14.82
59632	钦州	22.41	79.53	0.00	3.84	13.65

区站号	城市	年均气温/℃	年均湿度/%	负温天数/d	降温速率	一月温度/℃
59663	阳江	22.54	79.93	0.00	6.28	14.99
59758	海口	24.25	83.06	0.00	4.69	17.72
59838	东方	25.13	78.64	0.00	5.99	18.97
59855	琼海	24.48	84.45	0.00	5.65	18.57

符号索引

k_{Cl}	环境氯离子浓度影响系数
k_{nh}	高程 h 对龄期系数 n 的影响系数
k_{sn}	混凝土表面氯离子浓度 C_{sn} 与实测表层氯离子含量 C_{sa} 的比值
$k_{n,w/b}$	水胶比 w/b 对龄期系数 n 的影响系数
$k_{C_{max}}$	与环境和材料相关的系数
M	平均值
N	频数
N_F	室内冻融疲劳寿命(与混凝土抗冻等级 F 对应)
N_{eq}	设计使用寿命期内现场冻融循环的等效室内冻融循环次数
n	龄期系数
n_{act}	现场年均冻融循环次数
n_{eq}	年均等效室内冻融循环次数
n_f	现场年均负温天数
p_f	耐久性失效概率
RH	相对湿度
T	温度
T_L	最冷月平均气温
$\dot{T}$	现场发生冻融循环时的年平均降温速率
$\dot{T}_0$	实验室标准快冻条件下的降温速率
ΔT	降温温差
t	时间
t_0	参考时间
t_D	设计年限
V	方差
X	侵蚀深度
X_{50}	标准试件暴露50年后的碳化/侵蚀深度 X_{50}
$X_{(t)}$	t 时刻的侵蚀深度
x	距离混凝土表面的深度
Π	环境空间
Π_i	环境类别空间

Π_{ij}	环境类别子空间
Ω_i	结构材料与构造因素空间
$y_{ii,E}$	环境对结构耐久性的总体作用系数
$y_{ii,Ek}$	第 k 个环境参数对结构耐久性的作用系数
$y_{i,M}$	材料与构造参数对结构耐久性的综合影响系数
$y_{i,Mm}$	第 m 个材料与构造参数对结构耐久性的影响系数
$y_{ii,D}$	表征环境对结构耐久性作用效应的指标
$f_{ii,D(\cdot)}$	环境与材料对结构耐久性影响的时变关系
$f_{ii,E(\cdot)}$	环境空间 Π_{ii} 中包含的环境参数对结构耐久性的总体作用规律
$f_{ii,Ek(\cdot)}$	为环境空间 Π_{ii} 中第 k 个环境参数对结构耐久性的作用规律
$f_{i,M(\cdot)}$	材料与构造空间 Ω_i 中包含的参数与结构耐久性的关系
$f_{i,Mm(\cdot)}$	材料与构造空间 Ω_i 中第 m 个参数与结构耐久性的关系
β	可靠指标
σ	标准差
δ	变异系数
λ	年均负温天数对年均冻融循环次数的修正系数
ε	相对误差
ξ	与材料有关的参数
γ_d	总体分项系数
ζ	材料与构造空间参数对应的修正系数
ζ_i	材料修正系数
ζ_t	时间修正系数
ζ_T	温度修正系数
ζ_{Cl}	海水氯离子含量修正系数

名词索引